农田建设培训系列教材
编辑委员会

主　　任：郭永田

副 主 任：谢建华　　郭红宇

委　　员：陈章全　　吴洪伟　　杜晓伟　　高永珍

　　　　　李　荣　　马常宝　　王志强

《高标准农田建设政策技术问答》编写组

编写人员：（按姓氏笔画排序）

　　　　　李　虎　　李春燕　　何　冰

　　　　　宋　昆　　陈子雄　　楼　晨

配图人员：廖超子　　王庆宁

U0257731

前　言

FOREWORD

　　确保重要农产品特别是粮食有效供给，是实施乡村振兴战略的首要任务。建设高标准农田，是巩固和提高粮食生产能力、保障国家粮食安全的关键举措。习近平总书记多次强调"保障国家粮食安全的根本在耕地，耕地是粮食生产的命根子"。2020年12月，中央经济工作会议提出解决好种子和耕地问题，强调保障国家粮食安全，关键在于落实藏粮于地、藏粮于技战略，要加强高标准农田建设，提高粮食和主要农副产品供给保障能力。李克强总理、胡春华副总理等中央领导同志也对加快推进高标准农田建设提出了明确要求。

　　2018年机构改革以来，在党中央、国务院坚强领导下，全国各地认真落实《国务院办公厅关于切实加强高标准农田建设 提升国家粮食安全保障能力的意见》（国办发〔2019〕50号）等文件精神，大力推进高标准农田建设，取得了明显成效。2021年8月，国务院批复《全国高标准农田建设规划（2021—2030年）》，明确到2022年建成高标准农田10亿亩，到2025年建成10.75亿亩并改造提升现有高标准农田1.05亿亩，到2030年建成12亿亩并改造提升2.8亿亩，以此稳定保障1.2万亿斤以上粮食产能，这将推动农田建设工作再上新台阶。

为回应社会各界的广泛关注，加深公众对高标准农田政策的认识和理解，我们组织编写本书，依据国家现行法律法规和政策文件，结合各地实践情况，以问答的形式对高标准农田建设基础知识、政策要求、组织实施、监督评价、管护利用等常见问题进行解答，力求简明准确，在向公众普及基础知识、宣传相关政策的同时，为各地各级高标准农田建设管理工作人员提供参考。

考虑到高标准农田建设涉及面广、政策性强，各地情况千差万别，加之编者水平有限，书中难免存在不足之处，敬请读者批评指正。

本书编写组

2022年6月

目 录
CONTENTS

前言

一、基础知识

二、政策要求

三、组织实施

五、管护利用

案例篇

一、基础知识

1.土地分为哪几种类型？

根据《中华人民共和国土地管理法》（2019年第三次修正），按土地用途分，通常将土地分为农用地、建设用地和未利用地三类。其中，农用地指直接用于农业生产的土地，包括耕地、林地、草地、农田水利用地、养殖水面等；建设用地指建造建筑物、构筑物的土地，包括城乡住宅和公共设施用地、工矿用地、交通水利设施用地、旅游用地、军事设施用地等；未利用地指农用地和建设用地以外的土地。

十分珍惜、合理利用土地和切实保护耕地是我国的基本国策。国家实行土地用途管制制度，严格限制农用地转为建设用地，控制建设用地总量，对耕地实行特殊保护。

湖南省衡阳市衡山县高标准农田建设项目区（引自《中国农业综合开发》2021年5期：沃土良田翻碧浪　绘就"三农"新篇章——衡山县高标准农田建设工作纪实）

2.什么是耕地？耕地就是农用地吗？

根据《国土空间调查、规划、用途管制用地用海分类指南（试行）》（自然资办发〔2020〕51号），耕地指利用地表耕作层种植农作物为主，每年种植一季及以上（含一年一季以上的耕种方式种植多年生作物）的土地，包括熟地，新开发、复垦、整理地，休闲地（含轮歇地、休耕地）；以及间有零星果树、桑树或其他树木的耕地；包括南方宽度＜1.0米，北方宽度＜2.0米固定的沟、渠、路和地坎（埂）；包括直接利用地表耕作层种植的温室、大棚、地膜等保温、保湿设施用地。耕地又可分为三种：一是水田，指用于种植水稻、莲藕等水生农作物的耕地，包括实行水生、旱生农作物轮作的耕地；二是水浇地，指有水源保证和灌溉设施，在一般年景能正常灌溉，种植旱生农作物（含蔬菜）的耕地；三是旱地，指无灌溉设施，主要靠天然降水种植旱生农作物的耕地，包括没有灌溉设施，仅靠引洪淤灌的耕地。

农用地又称农业用地，指直接用于农业生产的土地，主要包括耕地、林地、草地、农田水利用地、养殖水面等。所以，耕地属于农用地，农用地的概念要比耕地宽泛。

水田（安徽省芜湖市）

水浇地（河南省新乡市）

旱地（内蒙古自治区赤峰市）

耕　地

3. 如何科学合理利用耕地资源？

耕地是粮食生产的根基。我国耕地总量少，质量总体不高，后备资源不足，水热资源空间分布不匹配。确保国家粮食安全，必须处理好发展粮食生产和发挥比较效益的关系，不能单纯以经济效益决定耕地用途，必须将有限的耕地资源优先用于粮食生产。根据《国务院办公厅关于防止耕地"非粮化"稳定粮食生产的意见》（国办发〔2020〕44号），对耕地实行特殊保护和用途管制，严格控制耕地转为林地、园地等其他类型农用地。永久基本农田是依法划定的优质耕地，要重点用于发展粮食生产，特别是保障稻谷、小麦、玉米三大谷物的种植面积。一般耕地应主要用于粮食和棉、油、糖、蔬菜等农产品及饲草饲料生产。

玉米种植

小麦种植

水稻种植
（本书编写组供图）

🔍4.什么是耕地质量？

　　耕地质量指由耕地地力、土壤健康状况和田间基础设施构成的满足农产品持续产出和质量安全的能力。耕地不仅是最宝贵的农业资源，也是最重要的生产要素，开展耕地质量保护与提升行动，对促进粮食有效供给，增强农业可持续发展能力和提升农业国际竞争力具有重要意义。

加强耕地质量保护（引自中国农业出版社：《耕地质量提升100题》）

5.全国耕地质量总体情况如何？

从全国面上看，我们的国情是人多地少水缺，耕地质量总体不高，中低等质量的耕地占到70%左右，后备资源不足。根据《2019年全国耕地质量等级情况公报》，全国耕地按质量等级由高到低依次划分为一至十等，平均等级为4.76等，较2014年提升了0.35个等级。评价为一至三等的耕地面积为6.32亿亩*，占耕地总面积的31.24%；评价为四至六等的耕地面积为9.47亿亩，占耕地总面积的46.81%；评价为七至十等的耕地面积为4.44亿亩，占耕地总面积的21.95%。

（本书编写组供图）

---

* 亩为非法定计量单位，1亩=1/15公顷。——编者注

6.如何提升耕地质量？

提升耕地质量重点在于"改、培、保、控"。"改"指改良土壤。针对耕地土壤障碍因素，治理水土侵蚀，改良酸化、盐渍化土壤，改善土壤理化性状，改进耕作方式。"培"指培肥地力。通过增施有机肥，实施秸秆还田，开展测土配方施肥，提高土壤有机质含量、平衡土壤养分；通过粮豆间混套作、豆禾轮作、种植绿肥，实现用地与养地结合，持续提升土壤肥力。"保"指保水保肥。通过深松耕，打破犁底层，加深耕作层，推广保护性耕作，改善耕地理化性状，增强耕地保水保肥能力。"控"指控污修复。控施化肥农药，减少不合理投入数量，阻控重金属和有机物污染，控制农膜残留。

玉米秸秆还田

深松土壤

绿肥种植
耕地质量提升（引自中国农业出版社：《耕地质量提升100题》）

7.什么是永久基本农田?

　　永久基本农田指按照一定时期人口和社会经济发展对农产品的需求,依据国土空间规划确定的不得擅自占用或改变用途的耕地。《中华人民共和国土地管理法》(2019年第三次修正)从法律层面将原"基本农田"正式修改为"永久基本农田",其中第三十三条指出,国家实行永久基本农田保护制度,下列耕地应当根据土地利用总体规划划为永久基本农田,实行严格保护:一是经国务院农业农村主管部门或者县级以上地方人民政府批准确定的粮、棉、油、糖等重要农产品生产基地内的耕地;二是有良好的水利与水土保持设施的耕地,正在实施改造计划以及可以改造的中、低产田和已建成的高标准农田;三是蔬菜生产基地;四是农业科研、教学试验田;五是国务院规定应当划为永久基本农田的其他耕地。

　　永久基本农田依法划定后,任何单位和个人不得擅自占用或者改变其用途。禁止占用永久基本农田发展林果业和挖塘养鱼。国家能源、交通、水利、军事设施等重点建设项目选址确实难以避让永久基本农田,涉及农用地转用或者土地征收的,必须经国务院批准。禁止通过擅自调整县域土地利用总体规划、乡(镇)土地利用总体规划等方式规避永久基本农田农用地转用或者土地征收的审批。

基本农田保护区牌

8.永久基本农田可以种树挖塘吗？

不可以。根据《国务院办公厅关于防止耕地"非粮化"稳定粮食生产的意见》（国办发〔2020〕44号），严禁违规占用永久基本农田种树挖塘。

严格规范永久基本农田上农业生产经营活动，禁止占用永久基本农田从事林果业以及挖塘养鱼、非法取土等破坏耕作层的行为，禁止闲置、荒芜永久基本农田。利用永久基本农田发展稻渔、稻虾、稻蟹等综合立体种养，应当以不破坏永久基本农田为前提，沟坑占比要符合稻渔综合种养技术规范通则标准。推动制订和完善相关法律法规，明确对占用永久基本农田从事林果业、挖塘养鱼等的处罚措施。

（本书编写组供图）

9.什么是高标准农田？

根据《高标准农田建设 通则》（GB/T 30600），高标准农田指田块平整、集中连片、设施完善、节水高效、农电配套、宜机作业、土壤肥沃、生态友好、抗灾能力强，与现代农业生产和经营方式相适应的旱涝保收、稳产高产的耕地。

安徽省农垦局华阳河农场高标准农田建设项目区（引自《中国农业综合开发》2020年11期：高标准农田拓宽增收路）

10.如何理解《全国高标准农田建设规划（2021—2030年）》提出的"依法严管、良田粮用"？

"依法严管、良田粮用"，这是《全国高标准农田建设规划（2021—2030年）》中提出的重要原则。应严格落实党中央、国务院关于遏制耕地"非农化"、防止耕地"非粮化"决策部署，对已建成的高标准农田，及时划为永久基本农田，实行特殊保护，遏制"非农化"、防止"非粮化"，确保建成的高标准农田重点用于粮食生产，特别是口粮生产。要完善主产区的利益补偿机制和种粮激励政策，确保农民种粮获得很好的收益，引导经营主体将高标准农田集中用于重要农产品特别是粮食生产。引导作物一年两熟以上的粮食生产功能区至少生产一季粮食，种植非粮作物的要在一季后能够恢复粮食生产。

河南省开封市高标准农田建设项目区（引自《中国农业综合开发》2021年06期：开封市 注重发挥高标准农田示范区的示范带动功能）

11.茶园能纳入高标准农田建设范畴吗？

不能。《国务院办公厅关于切实加强高标准农田建设 提升国家粮食安全保障能力的意见》（国办发〔2019〕50号）明确要求，以提升粮食产能为首要目标，在永久基本农田保护区、粮食生产功能区、重要农产品生产保护区，集中力量建设高标准农田。同时，明确提出依法严管、良田粮用，要求建立健全激励和约束机制，支持高标准农田主要用于粮食生产。根据上述政策要求，现阶段茶园暂不纳入高标准农田建设范畴。

广西壮族自治区柳州市高标准农田建设项目区（引自《中国农业综合开发》2021年10期：高质量建设基本农田　筑牢乡村振兴基石——广西壮族自治区柳州市柳江区高标准农田建设调研报告）

12.高标准农田建设目标包括哪些？

高标准农田建设指为减轻或消除主要限制性因素、全面提高农田综合生产能力而开展的田块整治、灌溉与排水、田间道路、农田防护与生态环境保护、农田输配电等农田基础设施建设，以及土壤改良、障碍土层消除、土壤培肥等农田地力提升活动。主要涉及"田、土、水、路、林、电、技、管"八个方面目标。

田。通过合理归并和平整土地、坡耕地田坎修筑，实现田块规模适度、集中连片、田面平整，耕作层厚度适宜，山地丘陵区梯田化率提高。

土。通过培肥改良，实现土壤通透性能好、保水保肥能力强、酸碱平衡、有机质和营养元素丰富，着力提高耕地内在质量和产出能力。

水。通过加强田间灌排设施建设和推进高效节水灌溉等，增加有效灌溉面积，提高灌溉保证率、用水效率和农田防洪排涝标准，实现旱涝保收。

路。通过田间道（机耕路）和生产路建设、桥涵配套，合理增加路面宽度，提高道路的荷载标准和通达度，满足农机作业、生产物流要求。

林。通过农田林网、岸坡防护、沟道治理等农田防护和生态环境保护工程建设，改善农田生态环境，提高农田防御风沙灾害和防止水土流失能力。

电。通过完善农田电网、配套相应的输配电设施，满足农田设施用电需求，降低农业生产成本，提高农业生产的效率和效益。

技。通过工程措施与农艺技术相结合，推广数字农业、良种良法、病虫害绿色防控、节水节肥减药等技术，提高农田可持续利用水平和综合生产能力。

管。通过上图入库和全程管理，落实建后管护主体和责任、管护资金、完善管护机制，确保建成的工程设施在设计使用年限内正常运行，高标准农田用途不改变、质量有提高。

江西省吉安市泰和县高标准农田建设项目区（引自《中国农业综合开发》2021年04期：重整田畴绘新图——江西省泰和县高标准农田建设掠影）

13.高标准农田的"高"体现在哪里？

高标准农田是按照国家统一规划和国家标准实施的重大农田基础设施建设项目，主要体现在以下几个方面：

一是农田质量高。高标准农田相对集中连片、田块平整、规模适度，水路电等基础设施配套比较完备，土地比较肥沃，与现代农业生产条件相适应，即地平整、土肥沃、田成方、林成网、路相通、渠相连、旱能浇、涝能排。高标准农田建设适应农业现代化发展的需要，有利于推动规模化经营、机械化生产、标准化生产。

二是产出能力高。从各地实践看，高标准农田建成以后，产能可达"一季千斤[*]，两季吨粮"。相比建成前，一般能提高10%～20%的产能，约合产量100公斤。

三是抗灾能力高。高标准农田建成后，由于设施条件大幅度改善，实现旱能浇、涝能排，稳产高产，大灾少减产，小灾不减产，一般年景多增产。调查发现，在东部一些省份遭受强降雨的农田，积水短时间内可淹到60厘米以上，但是高标准农田一般在1～2天之内，就能迅速排干积水；在西北地区遭受干旱的农田受灾面积里，高标准农田的占比较非高标准农田的低20个百分点。

四是资源利用效率高。高标准农田通过集中连片建设、规模化经营，有效扩大了规模效益，提高了资源的利用效率。高标准农田节水、节肥、节药、节人工成效明显，能够很好地提升资源利用效率。

重庆市高标准农田建设项目区（引自《中国农业综合开发》2020年07期：助力发展现代山地特色高效农业——重庆市开创丘陵山区高标准农田建设新局面）

---

[*]　斤为非法定计量单位，1斤=1/2公斤。——编者注

14. 高标准农田建设任务如何确定？

　　高标准农田建设任务是按照有关规划确定的一定时期内需要建成的高标准农田面积。根据高标准农田建设规划确定的分省任务数及年度高标准农田建设任务数，每年下半年农业农村部下达次年农田建设任务，要求各省级农业农村部门根据"两区"（粮食生产功能区和重要农产品保护区）和永久基本农田分布、水土资源条件、粮食生产潜力、农田建设基础、项目储备等情况明确建设重点区域，及时将下达的年度建设任务分解下达到县级并尽快落实到具体项目和地块。

新疆维吾尔自治区塔城高标准农田建设项目区 ［引自《农田建设发展报告（2018—2020）》］

15.全国高标准农田建设区域如何划分？

　　根据《全国高标准农田建设规划（2021—2030年）》，依据区域气候特点、地形地貌、水土条件、耕作制度等因素，按照自然资源禀赋与经济条件相对一致、生产障碍因素与破解途径相对一致、粮食作物生产与农业区划相对一致、地理位置相连与省级行政区划相对完整的要求，将全国高标准农田建设分成七个区域。

　　东北区。包括辽宁、吉林、黑龙江3省，以及内蒙古的赤峰、通辽、兴安和呼伦贝尔4盟（市）。

　　黄淮海区。包括北京、天津、河北、山东和河南5省（直辖市）。

　　长江中下游区。包括上海、江苏、安徽、江西、湖北和湖南6省（直辖市）。

　　东南区。包括浙江、福建、广东和海南4省。

　　西南区。包括广西、重庆、四川、贵州和云南5省（自治区、直辖市）。

　　西北区。包括山西、陕西、甘肃、宁夏和新疆（含新疆生产建设兵团）5省（自治区），以及内蒙古的呼和浩特、锡林郭勒、包头、乌海、鄂尔多斯、巴彦淖尔、乌兰察布、阿拉善8盟（市）。

　　青藏区。包括西藏、青海2省（自治区）。

（本书编写组供图）

16.如何开展数字农田建设示范？

　　根据《全国高标准农田建设规划（2021—2030年）》，利用数字技术，推动农田建设、生产、管护相融合，提高全要素生产效率。重点推进物联网、大数据、移动互联网、智能控制、卫星定位等信息技术在农田建设中的应用，配套耕地质量综合监测点，构建天空地一体化的农田建设和管理测控系统，对工程建后管护和农田利用状况进行持续监测，实行农田灌溉排水等田间智能作业，提升生产精准化、智慧化水平。

　　山东省济宁市兖州区田间监测点（引自《中国农业综合开发》2021年05期：山东兖州　为高标准农田建设插上科技的翅膀）

17. 如何开展绿色农田建设示范？

　　根据《全国高标准农田建设规划（2021—2030年）》，为提升农田生态功能，在全国范围选择部分区域，开展绿色农田建设示范。因地制宜推行土壤改良、生态沟渠、田间道路和农田林网等工程措施，通过开展农田生态保护修复、集成推广绿色高质高效技术，提升农田生态保护能力和耕地自然景观水平，增加绿色优质农产品有效供给，打造集耕地质量保护提升、生态涵养、面源污染防治和田园生态景观改善为一体的高标准农田。

安徽省宣城市旌德县高标准绿色生态农田（引自《中国农业综合开发》2021年09期：探索服务山区乡村振兴的新路子——高标准绿色生态农田建设）

18.高标准农田建设资金主要从哪里来？

目前，高标准农田建设中央财政资金主要由财政部管理的中央财政转移支付农田建设补助资金和国家发展改革委管理的中央预算内投资两个渠道组成。根据《农田建设补助资金管理办法》（财农〔2022〕5号），中央财政对地方开展高标准农田建设给予适当补助，并视地方实际情况实行差别化补助。省级财政应当承担地方财政投入高标准农田建设的主要支出责任。地方各级财政应当合理保障高标准农田建设建后管护支出。地方政府应该通过一般公共预算、政府性基金预算中的土地出让收入等渠道，支持本地区高标准农田建设。

地方可以采取以奖代补、政府和社会资本合作、贷款贴息等方式，支持和引导承包经营高标准农田的个人和农业生产经营组织筹资投劳，建设和管护高标准农田。此外，各地积极拓展投资渠道，通过发行专项债、利用新增耕地指标调剂收益等方式创新融资模式。

江苏省海安市高标准农田建设项目区（引自《中国农业综合开发》2021年05期：江苏海安　示范区建设打造高标准农田升级版）

19.高标准农田建设如何发挥国际金融组织资金作用？

2018年中央和国家机关新一轮机构改革后，原财政部国家农业综合开发办公室承担的农业综合开发国际合作项目管理职能划转到农业农村部，国家项目管理办公室（简称国家项目办）设在农田建设管理司。

国家项目办始终立足农田建设中心任务，充分利用国际金融组织提供的中央财政统借统还赠款资金，在绿色农田建设、农业生态治理和农业高质量发展等方面，持续加大国际合作与交流。通过农业基础设施建设，补齐传统农业短板，改善农业生产体系，提高农业生产力，促进农业可持续发展；支持优势特色农产品产业发展，推进价值链建设，扶持合作社高质量规范发展，促进小农户和各类新型农业经营主体增产增收。

利用亚洲开发银行贷款农业综合开发长江绿色生态廊道项目贵州省碧江区滑石乡田间主干道路 [引自《农田建设发展报告（2018—2020)》]

20.高标准农田建成后，土地所有权变了吗？

　　没有改变。《中华人民共和国宪法》第十条和《中华人民共和国土地管理法》第九条规定，农村和城市郊区的土地，除由法律规定属于国家所有的以外，属于集体所有。

　　《中华人民共和国土地管理法》第十条和第十一条规定，国有土地和农民集体所有的土地，可以依法确定给单位或者个人使用。使用土地的单位和个人，有保护、管理和合理利用土地的义务。农民集体所有的土地依法属于村农民集体所有的，由村集体经济组织或者村民委员会经营、管理；已经分别属于村内两个以上农村集体经济组织的农民集体所有的，由村内各农村集体经济组织或者村民小组经营、管理；已经属于乡（镇）农民集体所有的，由乡（镇）农村集体经济组织经营、管理。可见，高标准农田建成后，土地所有权没有改变。

（本书编写组供图）

21.什么是高标准农田建设评价激励？

按照《国务院办公厅关于新形势下进一步加强督查激励的通知》（国办发〔2021〕49号）的有关要求，由农业农村部、财政部负责，每年对高标准农田建设投入力度大、任务完成质量高、建后管护效果好的省（自治区、直辖市），在分配年度中央财政资金时予以激励支持。

中华人民共和国中央人民政府
www.gov.cn

简 | 繁 | EN | 注册 |

| 国务院 | 总理 | 新闻 | 政策 | 互动 | 服务 | 数据 | 国情 | 国家政务服务 |

首页 > 政策 > 国务院政策文件库 > 国务院文件

☆ 收藏　✎ 留言

索引号：	000014349/2021-00128	主题分类：	综合政务\政务督查
发文机关：	国务院办公厅	成文日期：	2021年12月13日
标　题：	国务院办公厅关于新形势下进一步加强督查激励的通知		
发文字号：	国办发〔2021〕49号	发布日期：	2021年12月20日
主题　词：			

相关报道

* 国办发出通知对新形势下真抓实干成效明显地方进一步加强督查激励

国务院办公厅关于
新形势下进一步加强督查激励的通知
国办发〔2021〕49号

各省、自治区、直辖市人民政府，国务院各部委、各直属机构：

按照国务院部署，国务院办公厅自2016年起探索组织开展督查激励工作，持续对真抓实干、成效明显的地方予以表扬激励，充分调动和激发了各地大胆探索、改革创新的积极性、主动性和创造性，有力推动了党中央、国务院重大决策部署贯彻落实。为适应"十四五"时期的新形势新任务新要求，以更大力度激励地方立足新发展阶段、贯彻新发展理念、构建新发展格局、推动高质量发展，经国务院同意，进一步调整完善督查激励措施，对落实有关重大政策措施真抓实干、取得明显成效的地方加强激励支持。现将调整后的督查激励措施及组织实施等事项通知如下：

国务院办公厅关于新形势下进一步加强督查激励的通知

22.什么是高标准农田上图入库？

　　高标准农田上图入库指统一标准规范、统一数据要求，采集各级高标准农田建设项目的立项、实施、验收等各阶段相关信息和地块空间数据，通过全国农田建设综合监测监管平台，形成全国农田建设"一张图"，做到位置明确和面积准确，实现高标准农田建设有据可查、全程监控、精准管理、资源共享。

农田建设综合监测监管平台填报工作培训会（引自江苏省农业农村厅网站）

23.遥感监测在高标准农田建设中发挥什么作用？

　　高标准农田建设遥感监测是利用卫星遥感、无人机等影像和现代空间信息分析技术，对高标准农田建设的实施过程、利用情况、建后管护等开展监测，具有快速、高效、低成本的特点，是开展高标准农田建设日常监测监管的重要技术手段。

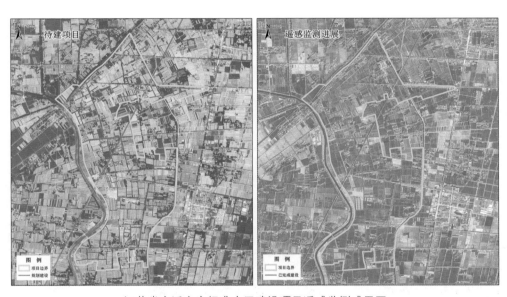

江苏省宿迁市高标准农田建设项目遥感监测成果图

24.什么是农田建设项目调度制度？

  为及时掌握各地农田建设项目建设进度，强化工作督导，确保全面完成中央确定的高标准农田和高效节水灌溉建设任务，建立农田建设项目调度制度。根据《农业农村部关于完善农田建设项目调度制度的通知》（农建发〔2021〕2号），各省、自治区、直辖市、计划单列市、新疆生产建设兵团农业农村部门及北大荒农垦集团有限公司、广东省农垦总局要对照农业农村部下达的年度建设任务清单和各省批复的年度实施计划报送项目建设进度。年度调度范围为当年批复的农田建设项目和以往年度批复实施但未竣工的项目。

  农田建设项目实行月调度制度。各省农业农村部门应通过全国农田建设综合监测监管平台，以项目为基本单位，在每月10日前，按月填报当年度截至上月末的农田建设项目累计进度情况。各省农业农村部门在通过系统填报进度的同时，要将经省级农业农村部门相关负责人审核签字或盖章的农田建设项目定期调度表上传至全国农田建设综合监测监管平台。农业农村部于每月15日前汇总形成全国农田建设项目进度结果。

山东省临沂市蒙阴县高标准农田建设项目区（引自《中国农业综合开发》2021年10期：山区高标准农田建设补助政策分析与对策建议——以山东省临沂市蒙阴县为例）

25. 什么是粮食产能？高标准农田建设和提高粮食产能有什么关系？

粮食产能是指一定时期的一定地区，在一定的经济技术条件下，由各生产要素综合投入所形成的、可以稳定地达到一定产量的粮食产出能力。《中华人民共和国国民经济和社会发展第十四个五年规划和2035年远景目标纲要》把粮食综合生产能力列入经济社会发展主要目标，并明确为约束性目标，数值为6.5亿吨，即1.3万亿斤。高标准农田建设能有效提高耕地质量等级，耕地质量等级越高，相应的粮食产能水平越高。从各地实际情况看，建成后的高标准农田粮食综合生产能力明显提升，亩均粮食产能增加10% ~ 20%。预计到2030年全国累计建成高标准农田12亿亩、改造提升2.8亿亩，能够以此稳定1.2万亿斤以上粮食产能，将为保障国家粮食安全发挥重要作用。

河南省信阳市淮滨县高标准农田项目区（引自《中国农业综合开发》2020年01期：淮滨县 精心谋划 积极推进高标准农田建设）

26.什么是高效节水灌溉技术？高标准农田建设和高效节水灌溉有关系吗？

结合近年来农业农村部和水利部工作实际，通常将微灌、喷灌和低压管灌技术统称为高效节水灌溉技术。《国务院办公厅关于切实加强高标准农田建设 提升国家粮食安全基础保障能力的意见》（国办发〔2019〕50号），将高效节水灌溉作为高标准农田建设的重要内容，统筹规划，同步实施，从而提高灌溉水利用率，降低水资源使用量，这充分体现了国家对节约水资源、提高灌溉用水效率的高度重视。

广东省湛江市高标准农田建设项目区（引自《中国农业综合开发》2020年01期：广东湛江：高标准农田调动农民种粮积极性）

27.什么是耕地保护？高标准农田建设和耕地保护有 什么关系？

耕地保护，是指运用法律、经济、技术等手段和措施，对耕地数量、质量、生态进行保护。高标准农田建设在强调数量要求的同时，也注重质量的提高。评估数据显示，高标准农田项目区耕地质量能够提升 1~2 个等级，粮食产能平均提高 10%～20%，亩均粮食产量提高 100 公斤。因此，建设高标准农田能够有效保护耕地、稳定提高土地资源产出效率，充分保障国家粮食安全，促进农业可持续发展，是全面夯实现代农业的重要基础和保障。

（本书编写组供图）

28.什么是"藏粮于地"？高标准农田建设和"藏粮于地"有什么关系？

2015年，"十三五"规划建议提出"坚持最严格的耕地保护制度，坚守耕地红线，实施藏粮于地、藏粮于技战略，提高粮食产能，确保谷物基本自给，口粮绝对安全"。意义在于通过提高耕地质量和土地生产力，实现粮食生产稳产高产。无论土地是否休耕，粮食生产能力始终都在，实际上就等于把粮食生产能力储存在土地中。

要做到"藏粮于地"，关键是三点：第一，保住耕地面积；第二，提高耕地质量；第三，保护农田生态环境。高标准农田是旱涝保收、高产稳产的农田，是耕地中的精华。建设高标准农田是贯彻落实"藏粮于地"战略的重要举措。

河南省平顶山市叶县高标准农田建设项目区（引自《中国农业综合开发》2021年06期：探索新模式　增加新动能——叶县高标准农田示范区）

29.农田建设工作纪律"十不准"包括哪些内容？

《农田建设工作纪律"十不准"》（农办建〔2021〕7号）主要内容包括：一、不准以任何名义虚报冒领、骗取套取、挤占挪用高标准农田建设资金。二、不准违反《中华人民共和国招投标法》和关于工程建设项目招投标管理的其他相关法规、规章、制度规定。三、不准以任何形式暗示、授意、指定安排农田建设项目。四、不准以任何形式承揽农田建设项目工程或相关服务业务。五、不准以任何形式插手、干预、打探、居间介绍关于农田建设项目招投标、物资装备采购、项目竣工验收、资产管理等各项业务。六、不准以任何形式直接或变相为农田建设项目相关主体谋取利益，收受可能影响公正执行公务的礼品、礼金、消费卡和有价证券、股权、其他金融产品等财物，或接受可能影响公正执行公务的宴请、旅游等活动安排。七、不准在组织或参与农田建设项目评审、检查、验收、绩效考评等活动时，违规领取咨询费或劳务费等报酬。八、不准违反农田建设公开公示要求，隐瞒应当公开公示的内容。九、不准以任何形式泄露农田建设工作中尚未公开或不宜公开的事项。十、不准阻止、打击报复干部群众对农田建设工作中违规违法情况的监督检举。

山东省烟台市高标准农田建设项目区（引自《中国农业综合开发》2020年03期：山东烟台：建设高标准农田　致力打造胶东粮仓）

二、政策要求

30.《国务院办公厅关于切实加强高标准农田建设提升国家粮食安全保障能力的意见》文件出台的背景是什么？

随着我国人口增长和城镇化不断发展，人多地少、耕地面积相对不足的矛盾日益凸显，必须集约高效利用耕地，提高粮食产能，做到谷物基本自给、口粮绝对安全，把饭碗牢牢端在自己手上。从各地实践看，高标准农田建设取得了明显成效，但我国农业基础设施薄弱、防灾抗灾减灾能力不强的状况尚未根本改变，现阶段高标准农田建设工作还存在着底数不清、质量参差不齐等问题。高标准农田建设亟须加强顶层设计，构建集中统一高效的管理新体制，凝聚各方力量加快推进。2018年机构改革把原来多个部门分别实施的农田建设项目管理职能整合归并到农业农村部。根据中央要求，农业农村部在充分调查研究的基础上起草了《关于切实加强高标准农田建设 提升国家粮食安全保障能力的意见》，并由国务院办公厅印发，成为当前和今后一个时期高标准农田建设工作的重要遵循。

粮食收获（本书编写组供图）

31.机构改革后，高标准农田建设管理新体制是什么？

2018年机构改革后，党中央、国务院将国家发展和改革委员会、财政部、自然资源部、水利部等部门分别管理的农田建设项目统一整合到农业农村部。从中央到市县，过去"五牛下田"、分散管理的工作模式得到改变，从体制机制上实现了源头整合，构建了统一规划布局、建设标准、组织实施、验收考核、上图入库的"五统一"农田建设管理新机制。

一是统一规划布局。开展高标准农田建设专项清查，全面摸清各地高标准农田数量、质量、分布和利用状况。结合国土空间、水资源利用等相关规划，修编全国高标准农田建设规划，形成国家、省、市、县四级农田建设规划体系，找准潜力区域，明确目标任务和建设布局，确定重大工程、重点项目和时序。把高效节水灌溉作为高标准农田建设重要内容，统筹规划，同步实施。在永久基本农田保护区、粮食生产功能区、重要农产品生产保护区，集中力量建设高标准农田。粮食主产区要立足打造粮食生产核心区，加快区域化整体推进高标准农田建设。粮食主销区和产销平衡区要加快建设一批高标准农田，保持粮食自给率。优先支持革命老区、贫困地区以及工作基础好的地区建设高标准农田。

二是统一建设标准。修订完成《高标准农田建设 通则》，研究制定分区域、分类型的高标准农田建设标准及定额，健全耕地质量监测评价标准，构建农田建设标准体系。各省（自治区、直辖市）可依据国家标准编制地方标准，因地制宜开展农田建设。完善高标准农田建设内容，统一规范工程建设、科技服务和建后管护等要求。综合考虑农业农村发展要求、市场价格变化等因素，适时调整建设内容和投资标准。在确保完成新增高标准农田建设任务的基础上，鼓励地方结合实际，对已建项目区进行改造提升。

三是统一组织实施。及时分解落实高标准农田年度建设任务，同步发展高效节水灌溉。统筹整合各渠道农田建设资金，提升资金使用效益。规范开展项目前期准备、申报审批、招标投标、工程施工和监理、竣工验收、监督检查、移交管护等工作，实现农田建设项目集中统一高效管理。严格执行建设标准，确保建设质量。充分发挥农民主体作用，调动农民参与高标准农田建设积极性，尊重农民意愿，维护好农民权益。积极支持新型农业经营主体建设高标准农田，规范有序推进农业适度规模经营。

四是统一验收考核。建立健全"定期调度、分析研判、通报约谈、奖优罚劣"的任务落实机制，确保年度建设任务如期保质保量完成。按照粮食安全省长责任制考核要求，进一步完善高标准农田建设评价制度。强化评价结果运用，对完成任务好的予以倾斜支持，对未完成任务的进行约谈处罚。严格按程序开展农田建设项目竣工验收和评价，向社会统一公示公告，接受社会和群众监督。

五是统一上图入库。运用遥感监控等技术，建立农田管理大数据平台，以土地利用现状图为底图，全面承接高标准农田建设历史数据，统一标准规范、统一数据要求，把各级农田建设项目立项、实施、验收、使用等各阶段相关信息上图入库，建成全国农田建设"一张图"和监管系统，实现有据可查、全程监控、精准管理、资源共享。各地要加快完成高标准农田上图入库工作，有关部门要做好相关数据共享和对接移交等工作。

河南省平顶山市叶县高标准农田建设项目区（引自《中国农业综合开发》2021年06期：探索新模式 增加新动能——叶县高标准农田示范区）

32.高标准农田建设的指导思想是什么？

　　根据《全国高标准农田建设规划（2021—2030年）》，高标准农田建设的指导思想是，以习近平新时代中国特色社会主义思想为指导，深入贯彻党的十九大和十九届二中、三中、四中、五中全会精神，立足新发展阶段，完整、准确、全面贯彻新发展理念，构建新发展格局，全面落实中央经济工作会议和中央农村工作会议部署，紧紧围绕全面推进乡村振兴、加快农业农村现代化，以推动高质量发展为主题，深入实施藏粮于地、藏粮于技战略，立足确保谷物基本自给、口粮绝对安全，以提升粮食产能为首要目标，以农产品主产区为主体，以永久基本农田、粮食生产功能区、重要农产品生产保护区为重点区域，优先建设口粮田，坚持新增建设和改造提升并重、建设数量和建成质量并重、工程建设和建后管护并重，产能提升和绿色发展相协调，统一组织实施与分区分类施策相结合，健全中央统筹、省负总责、市县乡抓落实、群众参与的工作机制，注重提质增效，强化监督考核，实现高质量建设、高效率管理、高水平利用，切实补上农业基础设施短板，确保建一块成一块，提高水土资源利用效率，增强农田防灾抗灾减灾能力，把建成的高标准农田划为永久基本农田，实行特殊保护，遏制"非农化"、防止"非粮化"，为保障国家粮食安全和重要农产品有效供给提供坚实基础。

河南省高标准农田建设项目区 ［引自《农田建设发展报告（2018—2020)》］

33. 推进高标准农田建设的基本原则是什么？

根据《国务院办公厅关于切实加强高标准农田建设 提升国家粮食安全保障能力的意见》（国办发〔2019〕50号），推进高标准农田建设的基本原则为：

一是夯实基础，确保产能。突出粮食和重要农产品优势区，着力完善农田基础设施，提升耕地质量，持续改善农业生产条件，稳步提高粮食生产能力，确保谷物基本自给、口粮绝对安全。

二是因地制宜，综合治理。严守生态保护红线，依据自然资源禀赋和国土空间、水资源利用等规划，根据各地农业生产特征，科学确定高标准农田建设布局、标准和内容，推进田水林路电综合配套。

三是依法严管，良田粮用。稳定农村土地承包关系，强化用途管控，实行最严格的保护措施，完善管护机制，确保长期发挥效益。建立健全激励和约束机制，支持高标准农田主要用于粮食生产。

四是政府主导，多元参与。切实落实地方政府责任，持续加大资金投入，积极引导社会力量开展农田建设。鼓励农民和农村集体经济组织自主筹资投劳，参与农田建设和运营管理。

河北省唐山市高标准农田建设项目区（引自《中国农业综合开发》2021年10期：政策贯通田间地头　真情温暖农民心头——记唐山市农业农村局农田建设管理处为民办实事的故事）

34.高标准农田建设的工作推进机制是什么？

　　高标准农田建设实行的是"中央统筹、省负总责、市县抓落实、群众参与"的工作机制。高标准农田建设需要各级各部门形成合力，同时还要积极调动项目区群众的积极性，只有这样才能更好地发挥高标准农田建设的效益。强化省级政府一把手负总责、分管领导直接负责的责任制，抓好规划实施、任务落实、资金保障、监督评价和运营管护等工作。农业农村部门全面履行好农田建设集中统一管理职责，国家发展和改革委员会、财政部、自然资源部、水利部、中国人民银行、中国银行保险监督管理委员会等相关部门按照职责分工，密切配合，做好规划指导、资金投入、新增耕地核定、水资源利用和管理、金融支持等工作，协同推进高标准农田建设。及时总结和推广好经验好做法，营造农田建设良好氛围。

浙江省宁波市宁海县高标准农田项目区 [引自《农田建设发展报告（2018—2020）》]

35. 如何加强高标准农田建设的基础支撑？

　　根据《国务院办公厅关于切实加强高标准农田建设 提升国家粮食安全保障能力的意见》（国办发〔2019〕50号），应切实加强高标准农田建设的基础支撑，通过推进农田建设法规制度建设，制定完善项目管理、资金管理、监督评估和监测评价等办法。加强农田建设管理和技术服务体系队伍建设，重点配强县乡两级工作力量，与当地高标准农田建设任务相适应。围绕农田建设关键技术问题，开展科学研究，组织科技攻关。大力引进推广高标准农田建设先进实用技术，加强工程建设与农机农艺技术的集成和应用，推动科技创新与成果转化。加强农田建设行业管理服务，加大相关技术培训力度，提升农田建设管理技术水平。

河南省周口市天华农业专业合作社联合社直升机（引自《中国农业综合开发》2021年06期：河南省高标准农田建设质量年行动方案）

36.高标准农田建设的主要目标任务是什么？

　　高标准农田建设以稳定提升粮食产能为首要目标。根据《全国高标准农田建设规划（2021—2030年）》，规划期内，集中力量建设集中连片、旱涝保收、节水高效、稳产高产、生态友好的高标准农田，形成一批"一季千斤、两季吨粮"的口粮田，满足人们粮食和食品消费升级需求，进一步筑牢保障国家粮食安全基础，把饭碗牢牢端在自己手上。通过新增建设和改造提升，力争将大中型灌区有效灌溉面积内耕地优先打造成高标准农田，确保到2022年建成10亿亩高标准农田，以此稳定保障1万亿斤以上粮食产能。到2025年建成10.75亿亩高标准农田，改造提升1.05亿亩高标准农田，以此稳定保障1.1万亿斤以上粮食产能。到2030年建成12亿亩高标准农田，改造提升2.8亿亩高标准农田，以此稳定保障1.2万亿斤以上粮食产能。把高效节水灌溉与高标准农田建设统筹规划、同步实施，规划期内完成1.1亿亩新增高效节水灌溉建设任务。到2035年，通过持续改造提升，全国高标准农田保有量和质量进一步提高，绿色农田、数字农田建设模式进一步普及，支撑粮食生产和重要农产品供给能力进一步提升，形成更高层次、更有效率、更可持续的国家粮食安全保障基础。

　　规划实施过程中，根据各省（自治区、直辖市）及新疆生产建设兵团耕地和永久基本农田保护任务变化情况，可按照程序对高标准农田建设任务实行动态调整。

黑龙江省鹤岗市萝北县高标准农田建设项目区（引自《中国农业综合开发》2020年08期：萝北县　致力打造祖国北疆绿色食品生产基地）

37.各地区高标准农田的建设内容是一样的吗？

不一样。我国幅员辽阔，自然环境差异巨大，耕地的等级和区域不平衡，在保障一定面积的高标准农田基础上，不同地区的高标准农田要求也不完全一样，根据当地的自然条件和投入的经济条件，建设过程中存在一定的差异。《全国高标准农田建设规划（2021—2030年）》将全国高标准农田建设分成七个区域，各分区建设重点如下：

东北区：以完善农田灌排设施、保护黑土地、节水增粮为主攻方向，围绕稳固提升水稻、玉米、大豆、甜菜等粮食和重要农产品产能，开展高标准农田建设，亩均粮食产能达到650公斤。

黄淮海区：以提高灌溉保证率、农业用水效率、耕地质量等为主攻方向，围绕稳固提升小麦、玉米、大豆、棉花等粮食和重要农产品产能，开展高标准农田建设，亩均粮食产能达到800公斤。

安徽省农垦局华阳河农场兴修农田水利（引自《中国农业综合开发》2020年12期：清淤衬砌建良田）

长江中下游区：以增强农田防洪排涝能力、土壤改良为主攻方向，围绕稳固提升水稻、小麦、油菜籽、棉花等粮食和重要农产品产能，开展高标准农田建设。亩均粮食产能达到1 000公斤。

东南区：以增强农田防御风暴能力、改良土壤酸化、改良土壤潜育化为主攻方向，围绕巩固提升水稻、糖料蔗等粮食和重要农产品产能，开展高标准农田建设，亩均粮食产能达到900公斤。

西南区：以提高梯田化率和道路通达度、增加土体厚度为主攻方向，围绕稳固提升水稻、玉米、油菜籽、糖料蔗等粮食和重要农产品产能，开展高标准农田建设，亩均粮食产能达到850公斤。

西北区：以完善农田基础设施、培肥地力为主攻方向，围绕稳固提升小麦、玉米、棉花、甜菜等粮食和重要农产品产能，开展高标准农田建设，亩均粮食产能达到450公斤。

青藏区：以完善农田基础设施、改良土壤为主攻方向，围绕稳固提升小麦、青稞等粮食和重要农产品产能，开展高标准农田建设，亩均粮食产能达到300公斤。

（本书编写组供图）

38.高标准农田建成后各项建设内容应达到什么要求？

根据《全国高标准农田建设规划（2021—2030年）》，高标准农田建成后，田、土、水、路、林、电、技、管八个方面应达到以下要求：

一是田块整治。农田土体厚度宜达到50厘米以上，水田耕作层厚度宜在20厘米左右，水浇地和旱地耕作层厚度宜在25厘米以上，丘陵区梯田化率宜达到90%以上，田间基础设施占地率一般不超过8%。

二是土壤改良。土壤pH宜在5.5~7.5（盐碱区土壤pH不高于8.5），土壤的有机质含量、容重、阳离子交换量、有效磷、速效钾、微生物碳量等其他物理、化学、生物指标达到当地自然条件和种植水平下的中上等水平。

三是灌溉和排水。田间灌排系统完善、工程配套、利用充分，输、配、灌、排水及时高效，灌溉水利用效率和水分生产率明显提高，灌溉保证率不低于50%，旱作区农田排水设计暴雨重现期达到5~10年一遇，1~3天暴雨从作物受

淹起1~3天排至田面无积水；水稻区农田排水设计暴雨重现期达到10年一遇，1~3天暴雨3~5天排至作物耐淹水深。

四是田间道路。在集中连片的耕作田块中，田间道路直接通达的田块数占田块总数的比例，平原区达到100%，山地丘陵区达到90%以上，满足农机作业、农资运输等农业生产活动的要求。

五是农田防护和生态环境保护。区域内受防护农田面积比例一般不低于90%，防洪标准达到10~20年一遇。

六是农田输配电。实现农田机井、泵站等供电设施完善，电力系统安装与运行符合相关标准，用电质量和安全水平得到提高。

七是科技服务。田间定位监测点布设密度符合要求，农田监测网络基本完善，科学施肥施药技术基本全覆盖，良种覆盖率、农作物耕种收综合机械化率明显提高。

八是管护利用。全面开展高标准农田建设项目信息统一上图入库，实现有据可查、全程监控、精准管理、资源共享。

广东省广州市高标准农田建设项目区（引自《中国农业综合开发》2020年10期：广州市抢抓机遇乘势而上　不断开创农田建设新局面）

39.纳入高标准农田建设项目储备库的项目应满足什么要求？

根据《高标准农田建设质量管理办法（试行）》（农建发〔2021〕1号），地方农业农村部门要建立高标准农田建设项目储备库制度。县级农业农村部门负责建设、维护和管理本区域高标准农田建设项目储备库。县级以上地方农业农村部门逐级汇总管理本区域高标准农田建设项目储备库。纳入高标准农田建设项目储备库的项目应满足但不限于以下要求：一是符合农田建设规划；二是项目选址、区域范围、建设规模、建设内容和资金需求科学合理；三是项目区土地权属清晰，当地群众积极支持改善项目区农业生产条件；四是地块相对集中连片，建设后能有效改善生产条件，提高粮食产能；五是具备立项后及时组织实施的条件。

地方农业农村部门应综合考虑规划布局、水源保障、基础设施现状、连片面积、建设周期、资金投入、农民意愿、实施效益等因素，优先在粮食生产功能区和重要农产品生产保护区安排项目建设，明确已纳入高标准农田建设项目储备库项目的优先序。

高标准农田建设项目储备库实行动态管理。县级农业农村部门应提前谋划本区域高标准农田建设项目，对符合入库要求的项目及时入库；并定期分析研判，对已立项实施或因情况变化不符合入库要求的项目及时出库。

（本书编写组供图）

40.国家对高标准农田改造提升有什么总体要求？

根据《农业农村部关于推进高标准农田改造提升的指导意见》（农建发〔2022〕5号），各地要依据《全国高标准农田建设规划（2021—2030年)》，以提升粮食产能为首要目标，围绕"田、土、水、路、林、电、技、管"八个方面，因地制宜确定改造提升内容，着力提升建设标准和质量，打造高标准农田的升级版。

高标准农田改造提升要坚持政府主导，鼓励多元参与，切实保障各级政府投入，健全高标准农田改造提升投入保障机制，多渠道筹集建设资金。坚持问题导向，针对已建高标准农田存在的主要障碍因素，因地制宜确定高标准农田改造提升重点内容，完善农田基础设施，提高建设质量。坚持科学布局，分区分步实施，重点在永久基本农田、粮食生产功能区和重要农产品生产保护区，科学安排已建高标准农田改造提升。坚持良田粮用，对改造提升后的高标准农田实行严格保护，统一上图入库，强化监测与用途管控，完善管护机制，保障持续利用，原则上全部用于粮食生产。

2023—2030年，全国年均改造提升3500万亩高标准农田，改造提升后的高标准农田亩均粮食综合生产能力明显提高。通过改造提升，解决已建高标准农田设施不配套、工程老化、工程建设标准低等问题，实现旱涝保收、高产稳产。

湖南省临湘市高标准农田建设项目区（引自《中国农业综合开发》2020年04期：临湘市 把握重点环节 建好民心工程)

41. 高标准农田建设布局有什么要求？

根据《国务院办公厅关于切实加强高标准农田建设 提升国家粮食安全保障能力的意见》（国办发〔2019〕50号），在永久基本农田保护区、粮食生产功能区和重要农产品生产保护区，集中力量建设高标准农田。粮食主产区要立足打造粮食生产核心区，加快区域化整体推进高标准农田建设。粮食主销区和产销平衡区要加快建设一批高标准农田，保持粮食自给率。优先支持革命老区、贫困地区以及工作基础好的地区建设高标准农田。此外，根据《农田建设项目管理办法》（农业农村部令2019年第4号），农田建设项目坚持规划先行。规划应遵循突出重点、集中连片、整体推进、分期建设的原则，明确农田建设区域布局，优先扶持"两区"。优先安排已划为永久基本农田、水土资源条件较好、开发潜力较大的地块，优先安排干部群众积极性高、地方投入能力强的地区。

江西省吉安市高标准农田建设项目区（引自《中国农业综合开发》2020年11期：江西吉安 把握三个重点 全力推进高标准农田建设）

42.高标准农田建设项目包括哪些管理程序？

　　根据《农田建设项目管理办法》（农业农村部令2019年第4号），农田建设项目遵循规划编制、前期准备、申报审批、计划管理、组织实施、竣工验收、监督评价等管理程序。

（本书编写组供图）

43.各级农业农村部门在开展高标准农田建设工作时分别承担哪些职责？

根据《农田建设项目管理办法》（农业农村部令2019年第4号），农业农村部负责管理和指导全国农田建设工作，制定农田建设政策、规章制度，牵头组织编制农田建设规划，建立全国农田建设项目评审专家库，统筹安排农田建设任务，管理农田建设项目，对各地农田建设项目管理进行监督评价。

省级人民政府农业农村主管部门负责指导本地区农田建设工作，牵头拟订本地区农田建设政策和规划，组织完成中央下达的建设任务，提出本地区农田建设年度任务方案，建立省级农田建设项目评审专家库，审批项目初步设计文件，组织开展项目竣工验收和监督检查，确定本地区各级人民政府农业农村主管部门农田建设项目管理职责，对本地区农田建设项目进行管理。

地（市、州、盟）级人民政府农业农村主管部门负责指导本地区农田建设工作，承担省级下放或委托的项目初步设计审批、竣工验收等职责，对本地区农田建设项目进行监督检查和统计汇总等。

县级人民政府农业农村主管部门负责本地区农田建设工作，制定县域农田建设规划，建立项目库，组织编制项目初步设计文件，申报项目，组织开展项目实施和初步验收，落实监管责任，开展日常监管。

山东省招远市高标准农田
（引自《中国农业综合开发》
2021年11期：金都招远：扎
实推进高标准农田建设　助
力乡村振兴战略实施）

44.各级农业农村部门如何组织编制高标准农田建设规划？

根据《农田建设项目管理办法》（农业农村部令2019年第4号），农业农村部负责牵头组织制定全国农田建设规划，报经国务院批准后实施。省级人民政府农业农村主管部门根据全国农田建设规划，研究编制本省农田建设规划，经省级人民政府批准后发布实施，并报农业农村部备案。

市级建设规划经省级农业农村部门审核，市级人民政府批准后发布实施，并报省级农业农村部门备案。

县级人民政府农业农村主管部门牵头组织编制本级农田建设规划，并与当地水利、自然资源等部门规划衔接。县级农田建设规划要根据区域水土资源条件，按流域或连片区域规划项目，落实到地块，形成规划项目布局图和项目库（单个项目达到项目可行性研究深度）。县级规划经本级人民政府批准后发布实施，并报省、市两级人民政府农业农村主管部门备案。

陕西省商洛市高标准农田建设项目区（引自《中国农业综合开发》2020年11期：陕西商洛　新时期高标准农田建设的实践与思考）

45.高标准农田建设项目审批主体是谁？

根据《高标准农田建设质量管理办法（试行）》（农建发〔2021〕1号），省级农业农村部门会同有关部门，结合本地实际，按照有关法律法规、部门规章及相关政策要求，确定项目审批主体。项目审批主体按规定组织评审项目设计成果，对设计依据、建设方案、设计标准、概算编制、效益分析等内容的合规性、科学性、合理性和设计文件及附件材料的完整性、真实性加强审查，必要时可对申报、勘测、设计单位开展面对面质询。

四川省邛崃市高标准农田建设项目区（引自《中国农业综合开发》2021年07期：邛崃　大力推进高标准农田建设　稳固耕地基本盘　打好种业翻身仗）

46.高标准农田建设项目可以调整吗？如何调整？

根据《高标准农田建设质量管理办法（试行）》（农建发〔2021〕1号）要求，高标准农田建设实施计划不得擅自调整，项目实施过程中，建设地点、建设工期、建设内容、单项工程设计、建设资金发生变化确需调整的，按照"谁审批、谁调整"的原则，依据有关规定办理审核批复。

由于自然灾害、地质情况变化、国土空间规划调整和实施国家重大建设项目等因素导致高标准农田建设项目无法实施的，项目审批主体应加强审查，根据需要及时终止项目建设。项目终止审查结果应向社会公示（涉及国家秘密的内容除外），公示期一般不少于5个工作日。终止项目应按程序报农业农村部备案。

（本书编写组供图）

47.高标准农田建设项目质量管理工作中各级农业农村部门职责是什么？

按照《高标准农田建设质量管理办法（试行）》（农建发〔2021〕1号）的要求，农业农村部负责指导监督全国高标准农田建设质量管理工作。地方农业农村部门负责本地区高标准农田建设质量管理，组织开展质量管理工作，制定质量管理制度和标准，规范从业单位质量管理行为，加强质量管理业务培训，开展质量监督核查等。高标准农田建设质量管理相关的重大事项和重要情况应按程序报告农业农村部。

黑龙江省齐齐哈尔市克山县马铃薯高标准农田建设项目区（引自《中国农业综合开发》2020年08期：克山县 推进高标准农田建设 助力马铃薯产业发展）

48.高标准农田建设项目竣工验收中各级农业农村部门将承担哪些工作？

按照《高标准农田建设项目竣工验收办法》（农建发〔2021〕5号），农业农村部负责指导全国高标准农田建设项目竣工验收工作，抽查项目竣工验收工作情况，综合评价各地实施成效。

省级农业农村部门负责制定本地区项目竣工验收工作规定，检查工作落实情况，每年对不低于10%的当年竣工验收项目进行抽查。省级农业农村部门承担项目初步设计审批职责的，要负责组织开展所审批的项目竣工验收工作。

地市级农业农村部门负责本区域项目竣工验收及相关工作。对承担省级下放项目初步设计审批职责的，要及时组织开展项目竣工验收，验收结果报省级农业农村部门备案；对未承担项目初步设计审批职责的，要积极配合验收单位开展项目竣工验收工作，督促指导县级农业农村部门或项目建设单位做好问题整改落实。

县级农业农村部门负责本辖区项目初步验收工作。对经初步验收合格的项目，及时向项目初步设计审批单位提出项目竣工验收申请。组织指导项目建设单位做好项目竣工验收准备，并对发现的问题进行整改。

（本书编写组供图）

49. 如何做好高标准农田建设全过程质量管理？

按照《高标准农田建设质量管理办法（试行）》（农建发〔2021〕1号）的要求，高标准农田建设不仅要重视某个点、某个环节的工程质量，更要注重面的管理、全过程的管理，向管理要质量、要效益。要从过去的事后检查把关为主，变为事前、事中、事后管理并重，从管结果变为管过程，强化全面全程管理。主要从把好项目储备质量关、立项质量关、实施质量关和建后质量关等"四个关"做好全过程质量管理。

河南省安阳市项目区现场指导（引自《中国农业综合开发》2020年04期：河南安阳　第三方机构联合助力高标准农田建设项目精细化管理）

50. 中央财政农田建设补助资金由哪些部门负责管理？

根据《农田建设补助资金管理办法》（财农〔2022〕5号），农田建设补助资金由财政部会同农业农村部管理。财政部负责审核农田建设补助资金分配建议方案，编制并下达资金预算，组织做好预算绩效管理，指导地方加强资金管理等相关工作。农业农村部负责组织开展全国高标准农田建设规划编制及实施，研究提出高标准农田建设任务和资金分配建议方案；按要求做好预算绩效管理工作，督促指导地方做好项目和资金管理等相关工作。

地方财政部门主要负责本地区农田建设补助资金的预算分解下达、资金审核拨付、资金使用监督以及本地区预算绩效管理等工作。地方农业农村部门主要负责本地区高标准农田建设相关规划或实施方案编制、项目审查筛选、项目组织实施和监督、项目竣工验收等，研究提出本地区高标准农田建设任务分解方案和农田建设补助资金安排建议方案，做好本地区预算绩效管理具体工作。

四川省达州市高标准农田建设项目区（引自《中国农业综合开发》2020年02期：达州市 抓好农田水利建设 夯实粮油生产基础）

51. 中央财政农田建设补助资金如何进行分配？

根据《农田建设补助资金管理办法》（财农〔2022〕5号），农田建设补助资金分配，遵循规范、公正、公开的原则，主要采用因素法分配，并可以根据粮食产量、原粮净调出量、绩效评价结果、财政困难程度等因素进行适当调节。农田建设补助资金按照各省份年度高标准农田建设任务（包括新增建设和改造提升任务）、高效节水灌溉建设任务、上一年度高标准农田严重自然损毁情况、上一年度高标准农田建设任务完成情况、上一年度省级财政通过一般公共预算支持高标准农田建设情况等因素测算分配，权重分别为70%、7%、5%、8%、10%。因素及权重确需调整的，应当按照程序报批后实施。其中，2022年的各省份年度高标准农田建设任务不含改造提升任务。对高标准农田建设地方投入力度大、任务完成质量高、建后管护效果好的省（自治区、直辖市），通过定额补助予以激励，激励资金全部用于支持高标准农田建设。

安排给脱贫县的农田建设补助资金使用管理，按照财政部等11部门《关于继续支持脱贫县统筹整合使用财政涉农资金工作的通知》（财农〔2021〕22号）有关规定执行。各地可以结合实际，按要求统筹相关渠道的农田建设资金用于高标准农田建设。

广东省信宜市高标准农田建设项目区（引自《中国农业综合开发》2020年10期：信宜市 高标准农田建设 为兴业强村富民作贡献）

52.农田建设补助资金主要用于哪些方面支出？

根据《农田建设补助资金管理办法》（财农〔2022〕5号），农田建设补助资金用于补助各省、自治区、直辖市、计划单列市等的高标准农田建设，具体用于支持以下建设内容：①田块整治；②土壤改良；③灌溉排水与节水设施；④田间道路；⑤农田防护及其生态环境保持；⑥农田输配电；⑦自然损毁工程修复及农田建设相关的其他工程内容。

县级按照从严从紧的原则，可以从中央财政农田建设补助资金中列支勘测设计、项目评审、工程招标、工程监理、工程检测、项目验收等必要的费用，单个项目财政投入资金1 500万元以下的按不高于3%据实列支；单个项目超过1 500万元的，其超过部分按不高于1%据实列支。省级财政部门应会同农业农村部门，在符合上述要求的前提下，从严确定本地区列支上述费用的上限。省、市两级不得从中央财政农田建设补助资金中列支上述费用。

农田建设补助资金不得用于单位基本支出、单位工作经费、兴建楼堂馆所、偿还债务及其他与高标准农田建设无关的支出。

安徽省淮北市高标准农田建设项目区（引自《中国农业综合开发》2021年05期：安徽淮北　深入推进高标准农田建设　坚定扛稳粮食安全责任）

53. 各级相关部门在农田建设补助资金预算下达后应承担哪些工作？

根据《农田建设补助资金管理办法》(财农〔2022〕5号)，财政部于每年全国人民代表大会批准预算后30日内，将当年农田建设补助资金预算下达省级财政部门；于每年10月31日前将下一年度农田建设补助资金预计数提前下达省级财政部门，相关转移支付预算下达文件抄送农业农村部、省级农业农村部门和财政部当地监管局。农田建设补助资金分配结果在预算下达文件印发后20日内向社会公开。农业农村部审核省级农业农村部门、财政部门报送的绩效目标，按要求设置绩效目标并提交财政部。财政部在下达转移支付预算时一并下达各省份分区域高标准农田建设绩效目标。

省级财政部门接到下达的中央财政农田建设补助资金预算后，会同省级农业农村部门，根据本地区高标准农田建设实际情况，应当在30日内将预算分解下达到本行政区域县级以上各级财政部门，同时将资金分配结果报财政部备案，抄送农业农村部、财政部当地监管局。

地方财政部门应当按照相关财政规划要求，做好转移支付资金使用规划，在安排本级相关资金时，加强与中央补助资金和有关工作任务的衔接。

(本书编写组供图)

54. 如何执行农田建设补助资金预算？

根据《农田建设补助资金管理办法》（财农〔2022〕5号），农田建设补助资金的支付应当按照国库集中支付制度有关规定执行，涉及政府采购的，应当按照政府采购法律法规和有关制度执行。各级财政部门应当加快预算执行进度，提高资金使用效益。对于结转结余资金，应当按照《国务院关于印发推进财政资金统筹使用方案的通知》（国发〔2015〕35号）等有关规定执行。

湖南省衡阳市衡阳县高标准农田建设项目区（引自《中国农业综合开发》2020年04期：衡阳县 致力建设"三型三好"高标准农田）

55.如何做好农田建设补助资金的绩效管理？

根据《农田建设补助资金管理办法》（财农〔2022〕5号），省级财政部门会同农业农村部门按照"高标准农田原则上全部用于粮食生产"的要求，将高标准农田用于粮食生产情况作为重要绩效目标，加强绩效目标管理，督促资金使用单位对照绩效目标做好绩效监控，按照规范要求开展绩效自评，及时将绩效自评结果上报财政部、农业农村部，抄送财政部当地监管局，并对自评中发现的问题及时组织整改。财政部可以根据需要组织开展重点绩效评价，并采取适当方式对绩效评价结果进行通报。

各级财政部门要按照全面实施预算绩效管理的要求，建立健全全过程预算绩效管理机制，将评价结果作为预算安排、改进管理、完善政策的重要依据。省级财政部门应在资金分配等工作中加强绩效评价结果运用，督促省以下各级财政部门切实加强资金管理。

（本书编写组供图）

🔍56.农田建设补助资金会发到农民手中吗？

　　农田建设补助资金不会直接发到农民手中。根据《农田建设补助资金管理办法》（财农〔2022〕5号），农田建设补助资金用于补助各省、自治区、直辖市、计划单列市、新疆生产建设兵团、中央直属垦区等的高标准农田相关工程建设及县级列支勘测设计、项目评审、工程招标、工程监理、工程检测、项目验收等必要的费用，因此，资金不会直接发到农民手中。通过大力推进高标准农田建设，提高农田基础设施保障能力，改善耕地质量，可以让农民从农作物产量和质量提升中间接受益。

黑龙江省高标准农田建设项目区（引自《中国农业综合开发》2020年08期：勇担政治使命　实施藏粮于地　筑牢维护国家粮食安全的根基——黑龙江省高标准农田建设综述）

57.高标准农田建设能新增耕地指标吗？

可以，通过高标准农田建设新增耕地是耕地占补平衡补充耕地指标的重要来源。从各省份情况看，高标准农田建设项目新增耕地率与地形地貌、建设内容、耕作习惯等关系密切，如梯田整修、田埂减少、堰塘填埋、荒草地整治、零碎土地归并等可增加耕地。

高标准农田建设项目新增耕地的核定非常严格，根据《国务院办公厅关于切实加强高标准农田建设 提升国家粮食安全保障能力的意见》（国办发〔2019〕50号），高标准农田建设新增耕地指标经自然资源部门核定后，及时纳入补充耕地指标库，在满足本区域耕地占补平衡需求的情况下，可用于跨区域耕地占补平衡调剂。

江苏省盐城市高标准农田建设项目区（引自《中国农业综合开发》2021年04期：江苏盐城"三举措"推动高标准农田建设全覆盖）

58.新增耕地指标调剂收益如何使用？

　　根据《国务院办公厅关于切实加强高标准农田建设 提升国家粮食安全保障能力的意见》（国办发〔2019〕50号），土地指标跨省域调剂收益应按规定用于增加高标准农田建设投入。各地省域内高标准农田建设新增耕地指标调剂收益优先用于农田建设再投入和债券偿还、贴息等。

安徽省池州市东至县高标准农田建设项目区（引自《中国农业综合开发》2021年09期：昔日撂荒地今变"抢手田"）

三、组织实施

🔍 59.高标准农田建设项目如何申报？

　　根据《农田建设项目管理办法》（农业农村部令2019年第4号），农田建设项目实行常态化申报，纳入项目库的项目，需征求项目区农村集体经济组织和农户意见，在完成项目区实地测绘和勘察的基础上，编制项目初步设计文件。

《农田建设项目管理办法》

60.高标准农田建设项目如何组织实施？

　　按照《农田建设项目管理办法》（农业农村部令2019年第4号），农田建设项目应按照批复的初步设计文件和年度实施计划组织实施。农田建设项目推行项目法人制，执行国家有关招标投标、政府采购、合同管理、工程监理、资金和项目公示等规定。省级人民政府农业农村主管部门根据本地区实际情况，对具备条件的新型经营主体或农村集体经济组织自主组织实施的农田建设项目，可简化操作程序，以先建后补等方式实施。县级人民政府农业农村主管部门应选定工程监理单位监督实施。

　　组织开展农田建设应坚持农民自愿、民主方式，调动农民主动参与项目规划、建设和管护等积极性。鼓励在项目建设中开展耕地小块并大块的宜机化整理。

河南省驻马店市新蔡县高标准农田建设项目区（引自《中国农业综合开发》2021年06期：新蔡县　完善监管机制　强化质量管理）

61.高标准农田建设项目的初步设计文件有什么要求？

根据《农田建设项目管理办法》（农业农村部令2019年第4号）和《高标准农田建设质量管理办法（试行）》（农建发〔2021〕1号），高标准农田建设项目应在完成实地测绘和必要的勘察并获取项目区耕地数量与质量状况的基础上，编制项目初步设计文件。初步设计文件包括初步设计报告、设计图、概算书等材料。初步设计文件应由具有相应勘察、设计资质的机构进行编制，并达到规定的深度。

高标准农田建设项目法人应对测绘、勘察、耕地质量等级评价、设计等单位的外业工作成果进行审核。现状图测绘文件比例尺应能够准确反映项目区现状并满足土地平整、灌溉与排水、田间道路、农田防护与生态环境保持等工程设计和施工精度要求。设计文件应以提升项目区粮食产能为首要目标，因地制宜提出工程、农艺（农机）、生物、管理等措施，明确建设内容和质量要求、投资和效益目标等。

湖南省花垣县高标准农田建设初步设计实地考察（引自《中国农业综合开发》2021年08期：花垣县2021年高标准农田建设初步设计评审顺利通过）

62.什么样的高标准农田可纳入改造提升范畴？

　　按照《农业农村部关于推进高标准农田改造提升的指导意见》（农建发〔2022〕5号）和《全国高标准农田建设规划（2021—2030年）》，各地要落实相关要求，结合国土空间规划、水安全保障规划等，科学编制本地区高标准农田建设规划，统筹安排高标准农田改造提升布局。分区域、分类型明确高标准农田改造提升标准。重点对永久基本农田划定范围内建设标准偏低、设施不配套，工程年久失修、损毁严重，粮食产能达不到国家标准的高标准农田进行改造提升。对建设内容部分达标的项目区允许各地按照"缺什么、补什么"的原则开展有针对性的改造提升；对建设内容达标的已建高标准农田，若达到规定使用年限，可逐步开展改造提升。因地制宜结合整区域推进高标准农田建设试点和数字农田建设，强化高标准农田改造提升成效。

（本书编写组供图）

63.高标准农田改造提升有次序要求吗？

　　根据《农业农村部关于推进高标准农田改造提升的指导意见》（农建发〔2022〕5号），各地要摸清已建高标准农田现状分布及主要障碍因素，综合考虑粮食产能、土层厚度、土壤质量、灌排设施和田间道路配套等情况，合理确定高标准农田改造提升时序。对属于永久基本农田划定范围且符合下列条件的优先纳入高标准农田改造提升范围：位于粮食主产区和乡村振兴重点支持地区的；位于大中型灌区内的；列入中央和地方重点督办事项的；因灾害等原因损毁需要尽快恢复农业生产的；改造后产能提升明显，有利于农业转型升级的；建成年份较早、投入水平较低、亟待改造提升的。

（本书编写组供图）

64. 高标准农田建设项目初步设计和施工图设计单位有资质要求吗？

为确保工程设计质量，国家对从事建设工程设计工作的单位，实行资质管理制度，初步设计和施工图设计文件均必须由具有相应工程设计资质的机构进行编制。依据《工程设计资质标准》，工程设计资质分为工程设计综合资质、行业资质、专业资质和专项资质4个。由于农业建设项目的行业特点，具有一定的专业性和技术难度，应由具有相关设计资质的单位承担设计任务。《农田建设项目管理办法》（农业农村部令2019年第4号）第十二条规定，农田建设项目初步设计文件应由具有相应勘察、设计资质的机构进行编制，并达到规定的深度。

山东省聊城市高标准农田建设现场（引自《中国农业综合开发》2020年02期：疫情防控、农田建设两不误——山东省聊城市积极推进农田建设项目复工）

65.高标准农田建设项目对投标单位有哪些要求？

根据《高标准农田建设质量管理办法（试行）》（农建发〔2021〕1号），高标准农田建设项目实行招标投标制。招标人（招标代理机构）应严格审查投标单位和人员的违法违规失信行为记录，严禁有围标、串标、违法分包和转让等不良行为记录，以及有违规出借资质的单位参与投标。招标文件应根据项目建设规模、建设任务、建设标准、工程质量、耕地质量、进度要求等因素合理确定招标条件、划分标段和评标办法，在招标文件中应明确与质量有关的参数、标准、工艺流程等具体要求。

（本书编写组供图）

66.高标准农田建设项目对施工单位有什么要求？

　　根据《高标准农田建设质量管理办法（试行）》（农建发〔2021〕1号），高标准农田建设项目施工单位应严格按照国家、地方、行业有关工程建设法律法规、技术标准以及设计文件和合同要求进行施工，严禁擅自降低标准、缩减规模。施工单位应加强各专业工种、工序施工管理，未经验收或质量检验评定不合格的，不得进行下一个工种、下一道工序施工。施工单位应加强隐蔽工程施工管理，在下一道工序施工前，应通过项目法人、设计、监理单位检查验收，并绘制隐蔽工程竣工图。施工单位应建立完整、可追溯的施工技术档案。

河南省信阳市高标准农田建设项目区（引自《中国农业综合开发》2021年06期：信阳市 "高标准农田＋" 建设模式的探索与实践）

67. 高标准农田建设项目对监理单位有什么要求？

根据《高标准农田建设质量管理办法（试行）》（农建发〔2021〕1号），高标准农田建设项目实行工程监理制。项目监理单位应按规定采取旁站、巡视、平行检验等多种形式开展全过程监理，加强施工材料质量、隐蔽工程施工、单项工程验收等关键环节监理，对施工现场存在的质量、进度、安全等问题及时督促整改并复查。监理单位应及时收集、整理、归档监理资料，按约定期限如实向项目法人及县级农业农村部门报告工程施工进度、工程质量、安全生产和相关控制措施。

河南省平顶山市高标准农田建设项目区（引自《中国农业综合开发》2021年06期：平顶山市 严把"五关"扎实推进高标准农田建设）

68. 高标准农田建设项目法人主要负责哪些工作？

　　根据《高标准农田建设质量管理办法（试行）》（农建发〔2021〕1号），高标准农田建设项目实行项目法人责任制。项目法人对高标准农田建设质量负总责，承担项目测绘、勘察、设计、施工、监理、材料（设备或构配件）供应、评估评审等任务的单位依照法律法规和合同约定对各自承担的技术服务、工程和产品质量负责。

黑龙江省双鸭山市宝清县高标准农田建设（引自《中国农业综合开发》2020年08期：宝清县　勠力同心建良田　融合发展促振兴）

69. 如何有效落实高标准农田建设项目法人责任制？

实施项目法人责任制必须严格遵守国家有关法律法规，切实履行项目法人职责。关于项目法人责任制的落实，通常应当注重三点：一是政府投资农业建设项目多由既有法人（非新组建法人）承担，项目单位的法定代表人要对项目全过程负总责；二是通过制定相应的项目管理制度（既可以制定某一项目专用制度，也可以制定针对所有项目的通用制度），明确单位职责、办事程序、重要工作内容与要求等，以使项目管理职责层层落实到部门、到岗位；三是明确项目管理关键环节（如招投标、合同签署、洽商变更、工程款支付等）的决策与监督制约机制。

（本书编写组供图）

70.高标准农田建设项目合同管理有什么要求？

根据《高标准农田建设质量管理办法（试行)》(农建发〔2021〕1号)，高标准农田建设项目实行合同管理制。项目测绘、勘察、设计、施工、监理、材料（设备或构配件）供应、评估评审等业务应当签订合同。合同文件应当有相应质量条款，将质量目标分解到每个阶段、相关工序，确保质量可控。项目测绘、勘察、设计、监理等相应承担单位不得转包（让）或分包任务，施工单位不得转包或违法分包任务。

河南省驻马店市正阳县高标准农田建设项目区（引自《中国农业综合开发》2021年06期：正阳县　排查整改提能力　移交管护见实效)

71. 高标准农田建设项目建设期一般为多长时间？

根据《农田建设项目管理办法》（农业农村部令2019年第4号），农田建设项目应按照批复的初步设计文件和年度实施计划组织实施，按期完工，并达到项目设计目标。建设期一般为1~2年。

2021年内蒙古自治区呼和浩特市高标准农田建设项目开工仪式
（引自《中国农业综合开发》2021年04期：呼和浩特市举行高标准农田项目集中开工仪式）

72.农民群众如何参与高标准农田建设？

　　根据《国务院办公厅关于切实加强高标准农田建设 提升国家粮食安全保障能力的意见》（国办发〔2019〕50号），高标准农田建设要充分发挥农民主体作用，调动农民参与高标准农田建设积极性，尊重农民意愿，维护好农民权益。积极支持新型农业经营主体建设高标准农田，规范有序推进农业适度规模经营。此外，按照《高标准农田建设质量管理办法（试行）》（农建发〔2021〕1号），鼓励通过以工代赈等方式引导农民参与高标准农田建设，支持将农民质量监督员纳入公益性岗位，开展建设质量监督。加强对农民质量监督员的技术指导和业务培训。

　　山东省济南市章丘区高标准农田建设项目区（引自《中国农业综合开发》2020年07期：山东章丘　高标准农田建设"那人那地那片情"）

73. 高标准农田建设选址原则和要求是什么？

《关于做好当前农田建设管理工作的通知》（农建发〔2018〕1号）要求，各省份要按照相对集中连片、整体推进的要求，大规模开展高标准农田建设。单个项目建设规模，原则上平原地区不低于3 000亩，丘陵山区不低于1 000亩。受自然条件限制，单个项目相对连片开发面积达不到上述要求的，可在同一流域或同一灌区范围内选择面积相对较大的几个地块作为一个项目区。新型经营主体建设高标准农田项目可适当降低规模，由各省份视情况确定。在连片实施范围内已进行过高标准农田建设，但仍有部分田块没有建设的，对此类尚未建设的田块允许按"填平补齐"原则进行设计和建设，由各省份合理确定项目投资标准和建设规模。

西藏自治区拉萨市曲水县2019年高标准农田建设项目点（引自《中国农业综合开发》2020年06期：曲水县　迎来高标准农田建设项目调研）

74.高标准农田建设有限制建设区域和禁止建设区域吗?

　　根据《全国高标准农田建设规划（2021—2030年）》，高标准农田建设有限制建设区域和禁止建设区域。限制建设区域包括水资源贫乏区域，水土流失易发区、沙化区等生态脆弱区域，历史遗留的挖损、塌陷、压占等造成土地严重损毁且难以恢复的区域，安全利用类耕地，易受自然灾害损毁的区域，沿海滩涂、内陆滩涂等区域。禁止在严格管控类耕地，自然保护地核心保护区，退耕还林区、退牧还草区，河流、湖泊、水库水面及其保护范围等区域开展高标准农田建设，防止破坏生态环境。

江西省高标准农田建设项目区（引自《中国农业综合开发》2020年04期：破解高标准农田建设资金筹措难题——江西省发行高标准农田建设专项债券成效显著）

75.随着高标准农田建设难度和成本持续增加，如何保障高标准农田建设资金投入？

受物价上涨等因素影响，高标准农田建设成本持续攀升。目前，各地高标准农田建设项目实施普遍面临人工、材料、机械台班单价较高的成本压力，实际亩均建设需求成本达到3 000元以上，一些丘陵山区达到了5 000元以上。高标准农田建设资金需求持续增加，建立健全农田建设投入稳定增长机制迫在眉睫。根据《全国高标准农田建设规划（2021—2030年）》，全国高标准农田建设亩均投资一般应逐步达到3 000元左右。需从以下几方面增加投入：

一是建立健全农田建设投入稳定增长机制。各地要优化财政支出结构，将农田建设作为重点事项，根据高标准农田建设任务、标准和成本变化，合理保障财政资金投入。加大土地出让收入对高标准农田建设的支持力度。各地要按规定及时落实地方支出责任，省级财政应承担地方财政投入的主要支出责任。鼓励有条件的地区在国家确定的投资标准基础上，进一步加大地方财政投入，提高项目投资标准。

二是创新投融资模式。发挥政府投入引导和撬动作用，采取投资补助、以奖代补、财政贴息等多种方式支持高标准农田建设。鼓励地方政府有序引导金融和社会资本投入高标准农田建设。在严格规范政府债务管理的同时，鼓励开发性、政策性金融机构结合职能定位和业务范围支持高标准农田建设，引导商业金融机构加大信贷投放力度。完善政银担合作机制，加强与信贷担保等政策衔接。鼓励地方政府在债务限额内发行债券支持符合条件的高标准农田建设。有条件的地方在债券发行完成前，对预算已安排债券资金的项目可先行调度库款开展建设，债券发行后及时归垫。加强国际合作与交流，探索利用国外贷款开展高标准农田建设。

三是完善新增耕地指标调剂收益使用机制。优化高标准农田建设新增耕地和新增产能的核定流程、核定办法。高标准农田建设新增耕地指标经核定后，及时纳入补充耕地指标库，在满足本区域耕地占补平衡需求的情况下，可用于跨区域耕地占补平衡调剂。加强新增耕地指标跨区域调剂统筹和收益调节分配，拓展高标准农田建设资金投入渠道。土地指标跨省域调剂收益要按规定用于增加高标准农田建设投入。各地要将省域内高标准农田建设新增耕地指标调剂收益优先用于农田建设再投入和债券偿还、贴息等。

河南省平顶山市高标准农田建设项目区（引自《中国农业综合开发》2020年01期：平顶山市 拓宽筹资渠道 保障高标准农田建设）

76.高标准农田各项工程措施有资金使用比例的要求吗?

　　由于地形地貌有差异，水土等资源条件不同，不同地区高标准农田建设内容的侧重点不同。在符合建设规范的情况下，各项工程措施具体使用多少资金可由各地因地制宜设计安排。各地要把田间小型水利设施作为优先建设内容，合理布设田间灌排设施，切实提高防灾减灾和旱涝保收能力。

重庆市梁平区丘陵山地高标准农田建设项目区（引自《中国农业综合开发2021年03期：重庆梁平　高标准农田建设着力打造丘陵山地现代农业示范区》）

77.为什么要开展高标准农田建设项目竣工验收？

　　竣工验收是高标准农田建设项目管理的重要环节，是确保项目建设质量，提升项目实际效益的重要举措。根据农田建设相关政策制度要求，竣工验收是指在项目完工后，对批准立项实施的高标准农田建设项目完成情况、建设质量、资金使用情况等方面开展综合评价的活动。

农业农村部关于印发《高标准农田建设项目竣工验收办法》的通知

78.高标准农田建设项目竣工验收的基本依据是什么？

根据《高标准农田建设项目竣工验收办法》（农建发〔2021〕5号），高标准农田建设项目竣工验收的主要依据包括：国家及有关部门颁布的相关法律、法规、规章、标准、规范等；有关建设规划、项目初步设计文件、批复文件以及项目变更调整、终止批复文件；项目建设合同、资金下达拨付等文件资料；按照有关规定应取得的项目建设其他审批手续；初步验收报告及竣工验收申请。

广东省廉江市高标准农田建设项目区（引自《中国农业综合开发》2020年10期：廉江市　全面提升农田建设管理水平）

79.申请竣工验收的高标准农田建设项目应具备什么条件？

根据《高标准农田建设项目竣工验收办法》（农建发〔2021〕5号），农田建设项目竣工验收按照"谁审批、谁验收"的原则，由项目初步设计审批单位组织开展，并对验收结果负责。申请竣工验收的项目应满足以下条件：一是按批复的项目初步设计文件完成各项建设内容并符合质量要求；有设计调整的，按项目批复变更文件完成各项建设内容并符合质量要求。完成项目竣工图绘制。二是项目工程主要设备及配套设施经调试运行正常，达到项目设计目标。三是各单项工程已通过建设单位、设计单位、施工单位和监理单位四方验收并合格。四是已完成项目竣工决算，经有相关资质的中介机构或当地审计机关审计，具有相应的审计报告。五是前期工作、招投标、合同、监理、施工管理资料及相应的竣工图纸等技术资料齐全、完整，已完成项目有关材料的分类立卷工作。六是已完成项目初步验收。

河南省商丘市民权县高标准农田建设项目区（引自《中国农业综合开发》2021年06期：民权县 念好"四字诀" 扎实推进高标准农田建设）

80.高标准农田建设的验收程序有哪些？

按照《高标准农田建设项目竣工验收办法》（农建发〔2021〕5号），项目审批单位应在项目完工后半年内组织完成竣工验收工作。应当按以下程序开展竣工验收：

一是县级初步验收。项目完工并具备验收条件后，县级农业农村部门可根据实际，会同相关部门及时组织初步验收，核实项目建设内容的数量、质量，出具初验意见，编制初验报告等。

二是申请竣工验收。初验合格的项目，由县级农业农村部门向项目审批单位申请竣工验收。竣工验收申请应按照竣工验收条件，对项目实施情况进行分类总结，并附竣工决算审计报告、初验意见、初验报告等。

三是开展竣工验收。项目审批单位收到项目竣工验收申请后，一般应在60日内组织开展验收工作，可通过组织工程、技术、财务等领域的专家参与，或委托第三方专业技术机构组成的验收组等方式开展竣工验收工作。验收组通过听取汇报、查阅档案、核实现场、测试运行、走访实地等多种方式，对项目实施情况开展全面验收，形成项目竣工验收情况报告，包括验收工作组织开展情况、建设内容完成情况、工程质量情况、资金到位和使用情况、管理制度执行情况、存在问题和建议等，并签字确认。项目竣工验收过程中应充分运用现代信息技术，提高验收工作质量和效率。

　　四是出具验收意见。项目审批单位依据项目竣工验收情况报告，出具项目竣工验收意见。对竣工验收合格的，核发农业农村部统一格式的《高标准农田建设项目竣工验收合格证书》。对竣工验收不合格的，县级农业农村部门应当按照项目竣工验收情况报告提出的问题和意见，组织开展限期整改，并将整改情况报送竣工验收组织单位。整改合格后，再次按程序提出竣工验收申请。

西藏自治区那曲市高标准农田建设项目区（引自《中国农业综合开发》2020年06期：那曲市　确保高标准农田建设和农业生产"两不误"）

81.高标准农田建设项目竣工验收的内容有哪些?

　　根据《高标准农田建设项目竣工验收办法》(农建发〔2021〕5号),项目竣工验收内容主要包括以下方面:一是项目初步设计批复内容或项目调整变更批复内容的完成情况。二是各级财政资金和自筹资金到位情况。三是资金使用规范情况,包括项目专账核算、专人管理、入账手续及支出凭证完整性等。四是项目管理情况,包括法人责任履行、招投标管理、合同管理、施工管理、监理工作和档案管理等。五是项目建设情况,包括现场查验工程设施的数量和质量、耕地质量、农机作业通行条件等,并对监理、四方验收、初步验收等相关材料进行核查。六是项目区群众对项目建设的满意程度。七是项目信息备案、地块空间坐标上图入库等情况。八是其他需要验收的内容。

黑龙江省绥化市望奎县高标准农田建设项目区(引自《中国农业综合开发》2020年08期:望奎县　高标准农田建设　助力脱贫攻坚奔小康)

82.高标准农田建设项目竣工后还应开展哪些工作？

根据《高标准农田建设质量管理办法（试行）》（农建发〔2021〕1号），高标准农田建设项目竣工后还应开展以下质量管理工作：

一是高标准农田建设项目竣工后，县级农业农村主管部门应对田块整治、土壤改良、灌溉和排水、田间道路、农田防护和生态环境保护、农田输配电等工程数量与质量进行复核，并形成复核报告。对复核发现的问题，由项目法人组织整改。通过工程数量与质量复核后，地方农业农村部门应按规定及时开展项目验收。

二是高标准农田建设项目竣工后，施工单位应向项目法人出具质量保修书、主要工程与设备使用说明书。质量保修书中应明确质量保修期、保修范围和内容、保修责任和经济责任等。工程与设备使用说明书应明确使用要求、操作规程、运行管理、维修与保养措施等。

三是高标准农田建设项目竣工后，县级农业农村部门应依据《耕地质量等级》（GB/T 33469—2016）等技术标准，组织开展耕地质量专项调查评价，对项目区耕地质量主要性状开展实地取样化验，评价并划分耕地质量等级、测算粮食产能。

四是高标准农田建设项目竣工验收后，地方农业农村部门要按照地方相关政策要求，及时开展项目新增耕地指标核定相关工作。

五是高标准农田建设项目验收通过后，项目法人应及时按有关规定办理资产交付手续。地方农业农村部门应组织建立高标准农田建设项目建后管护长效运行机制，监督落实管护责任。

六是地方农业农村部门应加强高标准农田建设项目档案管理，建立完整的项目档案，及时按照有关规定对项目档案进行收集、整理、组卷、存档。项目档案保存期限不应短于工程设计使用年限。具备条件的地方，要通过全国农田建设监测监管平台实行高标准农田建设项目电子化管理。

七是地方农业农村部门应依据《耕地质量监测技术规程》（NY/T 1119—2019）等，持续跟踪耕地质量变化情况，加强高标准农田后续培肥，稳定提升地力。

83.为什么要使用高标准农田国家标识？

为主动接受社会和群众监督，《农田建设项目管理办法》（农业农村部令2019年第4号）要求农田建设项目全部竣工验收后，要在项目区设立统一规范的公示标牌和标识，将农田建设项目建设单位、设计单位、施工单位、监理单位、项目年度、建设区域、投资规模以及管护主体等信息进行公示。2020年11月，农业农村部发布《关于规范统一高标准农田国家标识的通知》（农办建〔2020〕7号），规范统一了高标准农田国家标识使用和公示牌设立的具体要求。

农业农村部印发《关于规范统一高标准农田国家标识的通知》

84.如何使用高标准农田国家标识？

根据《关于规范统一高标准农田国家标识的通知》（农办建〔2020〕7号），高标准农田建设标识主要用于高标准农田建设项目公示牌、农田建设综合配套工程设施（如：泵房、沟渠、渠道建筑物、电力设施）等，可全部标识，也可以部分标识。此外，标识还可用于与高标准农田建设有关的管理资料、信息系统和宣传品等。

省级农业农村部门负责对本行政区域内设立项目公示的具体内容、尺寸、样式、制作材料、设立单位及后期管护等作出统一规定。地方各级农业农村部门负责本行政区域内国家标识和项目公示牌的组织制作和监督。

高标准农田国家标识的所有权归属农业农村部。未经许可，任何单位和个人不得将该标识或与该标识相似的标识作为商标注册，也不得擅自使用。

公示牌参考式样

国家标识应用案例

高标准农田建设项目公示牌参考式样和国家标识应用案例

85.高标准农田国家标识由哪些元素构成？各个元素分别具有哪些含义？

高标准农田国家标识以圆为基本形态，整体以农业元素构成，以绿色和橙红色为主基调。标识由文字和图形构成，外圈绕排"高标准农田"中英文，中文"高标准农田"标于上方，醒目且庄重；英文标于下方，采用《高标准农田建设 通则》（GB/T 30600）的英文翻译。内圈采用具体形象和寓意形象相结合方式设计，下方图形代表农田，整齐规范的田块、笔直通达的田间道路和相通的沟渠标识，寓意高标准农田景观，而田块颜色的差异代表农田的多样化利用。上方图形由"高标"的首字母"GB"创意形成，组成图形下半部分象征着饭碗，上半部分象征着碗中的米饭，图形上下组合形以粮仓，代表着粮食丰产、五谷丰登，寓意着高标准农田建设以提升国家粮食安全保障能力为首要目标，将中国人的饭碗牢牢端在自己手上。

编号	颜色	参数
1	■	C89　M48　Y100　K12
2	■	C82　M27　Y100　K0
3	■	C53　M7　Y98　K0
4	■	C9　M79　Y100　K0
5	■	C2　M56　Y93　K0

注：4、5为球形渐变。

高标准农田国家标识图案颜色

四、监督评价

86.如何做好高标准农田建设监督检查？

一是加强日常监管。结合领导批示件办理、审计问题整改、新闻舆论监督、群众来电信访核实等，持续深入推进高标准农田建设监督工作，对发现的问题线索，督促地方加快核实，研究提出整改措施，抓紧整改落实到位。二是强化在线监测。充分利用全国农田建设综合监测监管平台，加强对入库项目信息、空间位置、地类变化、建设进展等情况的统计分析，实现高标准农田建设项目上图入库，对项目建设进展缓慢、项目入库信息存在问题、空间位置出现错误的项目及时预警，督促地方加快整改。同时，综合利用卫星遥感、大数据、人工智能等信息技术和数字技术，通过多源数据交叉比对分析，开展高标准农田用途、进展、管护、灾毁等情况监测，强化日常在线监测。三是开展"四不两直"明察暗访。按照"早发现、早反映、早处理"的原则，依托全国农田建设综合监测监管平台项目数据信息，结合前期遥感监测成果，借助高标准农田核查App和无人机航拍，随机抽取部分项目直插现场，直观获取项目建设的第一手资料，对项目区内的田间道路、水利设施、电力配套等工程质量、运行管护、农田利用等情况进行客观评价，对发现的问题，督促地方逐一整改。

广东省高标准农田建设项目区（引自《中国农业综合开发》2021年12期：广东省：以图说数 一图统管 信息化助力广东构建"五统一"农田建设管理体系）

87.如何做好高标准农田建设的质量监督工作？

　　根据《高标准农田建设质量管理办法（试行)》（农建发〔2021〕1号），高标准农田建设质量监督主要包括加强主管部门监督，支持鼓励农民监督，充分用好社会监督，注重监督结果运用等四个方面。

　　一是强化各级农业农村部门的监督责任。农业农村部按规定通过抽查、专项检查、重点督办等方式，地方农业农村部门可采用巡查、抽查、"双随机一公开"检查等方式加强高标准农田建设质量监督。地方农业农村部门对高标准农田建设项目实行全程动态监管，应加强高标准农田建设项目各阶段信息上图入库填报审核把关。

　　二是鼓励增设农民质量监督员。积极引导农民参与高标准农田建设，将农民质量监督员纳入公益性岗位开展建设质量监督。这既能最大程度发挥农民"谁受益、谁监管"的积极性，又能有效促进农民就地就近就业。

　　三是充分利用社会监督平台。鼓励地方农业农村部门依法依规记录并公开高标准农田建设从业单位和人员的违法违规失信行为信息，按规定程序将失信记录纳入信用评价管理体系。利用网络平台、项目公示标牌等信息渠道加大高标准农田建设信息公开力度，接受社会监督。

　　四是做好质量监督结果运用。各级农业农村部门应将高标准农田建设质量监督结果作为项目绩效评价、项目验收和年度工作激励考核等的重要内容，实行奖优罚劣。质量监督结果与高标准农田建设任务安排相挂钩。

山东省禹城市高标准农田建设项目区（引自《中国农业综合开发》2021年01期：山东禹城　为高标准农田建设插上数字化的翅膀）

88.高标准农田建设评价激励对象和范围是什么？

　　根据《高标准农田建设评价激励实施办法》（农建发〔2022〕2号），高标准农田建设评价范围为各省、自治区、直辖市、新疆生产建设兵团上年度高标准农田建设任务（含高效节水灌溉建设任务）完成情况和相关工作推进情况。激励对象为各省份人民政府、新疆生产建设兵团。

农业农村部 财政部关于印发《高标准农田
建设评价激励实施办法》的通知

89.高标准农田建设评价激励的内容有哪些？

按照《高标准农田建设评价激励实施办法》（农建发〔2022〕2号），高标准农田建设评价内容主要包括前期工作、建设面积与质量、资金投入和支出、竣工验收和上图入库、建后管护和制度建设、日常工作调度等。

黑龙江省密山市高标准农田建设项目区（引自《中国农业综合开发》2020年08期　密山市　坚持整村整乡推进建设高标准农田）

90.高标准农田建设评价激励措施有哪些？

根据《国务院办公厅关于新形势下进一步加强督查激励的通知》（国办发〔2022〕49号）、《高标准农田建设评价激励实施办法》（农建发〔2022〕2号）等有关文件要求，农业农村部、财政部根据高标准农田建设综合评价得分，确定拟激励省份名单，主要包括得分靠前的4个省份（原则上粮食主产区不少于3个）和较上一年评价结果相比排名提升最多的1个省份。经农业农村部、财政部公示无异议后将名单按程序报送国务院办公厅。财政部根据国务院办公厅确定的激励省份名单，在分配当年中央财政农田建设补助资金时，按照资金管理办法有关规定，通过定额补助予以激励，激励资金全部用于高标准农田建设。

四川省高标准农田建设项目区（引自《中国农业综合开发》2021年12期：四川省　强力推进高标准农田建设　进一步夯实粮食安全基础）

91. 高标准农田项目建成后为什么要上图入库?

《国务院办公厅关于切实加强高标准农田建设 提升国家粮食安全保障能力的意见》(国办发〔2019〕50号)明确提出,要加快构建集中统一高效的管理新体制。对高标准农田建设项目实行统一上图入库。开展高标准农田建设统一上图入库主要有三方面作用:

一是考核评价的基础依据。上图入库工作有利于全面、及时、真实、准确掌握全国高标准农田建设基本信息、实施进展、建设任务完成情况、主要工程量、建设成效等,可以实现高标准农田建设"以图说数""有据可查",准确回答"钱投在哪? 地建在哪? 建了多少? "等问题,为统一考核提供了基础数据。

二是精准管理的重要举措。上图入库工作可以实现对高标准农田建设的全程监控、精准管理,避免重复建设和投资。同时,叠加土地变更调查数据、永久基本农田数据等,利用信息化手段开展实地检查等工作,形成高标准农田建设的立体监管体系,跟踪建成的高标准农田保护情况,实现"以图管地"。

三是信息共享的重要途径。上图入库工作是落实国务院关于政务信息系统整合共享,打造"大平台、大数据、大系统",融合汇集各类耕地相关数据,破解信息孤岛和数据壁垒难题的有益探索和实践。统一数据入口、统一建设系统、统一共享平台,高标准农田建设信息按照统一标准和要求,汇总形成全国高标准农田建设"一张图"。

全国农田建设综合监测监管平台(引自《中国农业综合开发》2021年11期:"一张图"创建农田监测监管新模式)

92.如何做好高标准农田的统一上图入库工作？

完善信息平台。充分利用现有资源，加快农田管理大数据平台建设，以土地利用现状图为底图，全面汇集高标准农田建设历史数据，将高标准农田建设项目立项、实施、验收、使用等各阶段信息及时上图入库，形成全国高标准农田建设"一张图"，加强动态监管。综合运用卫星遥感、地理信息系统、移动通信、区块链等现代信息技术手段，构建天空地一体的立体化监测监管体系，实现高标准农田建设有据可查、全程监控、精准管理。

强化信息共享。落实国务院关于政务信息资源共享管理要求，完善部门间信息共享机制，推动实现耕地数据、水利数据、林草数据等的互通共享。加强数据挖掘分析，为农田建设管理和保护利用提供决策支撑。

湖北省当阳市高标准农田建设项目区（引自《中国农业综合开发》2021年03期：湖北当阳 着力构建农田建设新格局）

五、管护利用

93.如何确保高标准农田工程设施的良性运行？

　　高标准农田"三分建、七分管"。做好高标准农田建设项目后期管护，是确保工程设施长期发挥效益的关键。《农田建设项目管理办法》（农业农村部令2019年第4号）要求，项目竣工验收后，应及时按有关规定办理资产交付手续。按照"谁受益、谁管护，谁使用、谁管护"的原则明确工程管护主体，拟定管护制度，落实管护责任，保证工程在设计使用期限内正常运行。

广东省韶关市高标准农田建设项目区（引自《中国农业综合开发》2020年10期：韶关市 "早"字当头争主动　扎实工作创一流）

94.如何完善高标准农田管护体系？

　　根据《全国高标准农田建设规划（2021—2030年）》，按照权责明晰、运行有效的原则，建立健全日常管护和专项维护相结合的工程管护机制。相关部门要做好灌溉与排水、农田林网、输配电等工程管护的衔接，确保管护机制落实到位。调动村级组织、受益农户、新型农业经营主体、专业管护机构和社会化服务组织等落实高标准农田管护责任的积极性，形成多元化管护格局。完善高标准农田建后管护制度、明确地方各级政府相关责任，落实管护主体，压实管护责任。发挥村级组织、承包经营者在工程管护中的主体作用，落实受益对象管护投入责任，引导和激励专业大户、家庭农场、农民合作社等参与农田设施的日常维护。相关基层服务组织要加强对管护主体和管护人员的定期技术指导、服务和监管。

江西省吉安市吉安县高标准农田建后管护培训（引自《中国农业综合开发》2020年08期：吉安县开启农田管护员培训之旅）

95. 高标准农田建成后的管护经费如何落实？

《全国高标准农田建设规划（2021—2030年）》明确，各地要建立农田建设项目管护经费合理保障机制，制订管护经费标准，对管护资金全面实施预算绩效管理。对灌溉渠系、喷灌、微灌设施、机耕路、生产桥（涵）、农田林网等公益性强的农田基础设施管护，地方政府根据实际情况适当给予运行管护经费补助。完善鼓励社会资本积极参与高标准农田管护的政策措施，保障管护主体合理收益。鼓励开展高标准农田工程设施灾毁保险。例如，山东省创新实施"财政补助＋水费收入＋N"筹资模式，建立完善管护经费分类保障机制；湖南省在2020年、2021年，省级财政每年安排1 000万元管护资金，引导市县同步建立管护资金长效机制；安徽省管护经费来源主要有4类渠道，即同级财政预算安排、承包和租赁农田建设工程等取得的收入、集体经济收益、投工投劳等。

陕西省高标准农田建设项目区（引自《中国农业综合开发》2021年10期：加快建设高标准农田　夯实陕西粮食安全基础）

96.农业水价综合改革对高标准农田后续管护有什么意义？

农业水价综合改革是一个系统工程，其重要内容就是统筹推进农业水价形成机制、农田水利工程建设和管护机制、精准补贴和节水奖励机制、终端用水管理机制。在促进农业节水的同时，保障农田水利工程运行管护经费，从根本上破解农田水利工程"有人建、没人管"的弊端，促进农田水利工程可持续利用和管理，让农田水利工程发挥长期效益。根据《关于深入推进农业水价综合改革的通知》（发改价格〔2021〕1017号），将有效灌溉面积范围内的新增大中型灌排工程建设、高标准农田建设和高效节水灌溉项目区作为农业水价综合改革实施重点，抓住工程建设有利时机，将机制建立摆在更加突出的位置，促进农业节水和可持续发展。

河南省南阳市高标准农田高效节水灌溉示范区（引自《中国农业综合开发》2021年04期：河南南阳　稳步推进高效节水灌溉示范区建设）

97.如何加强高标准农田建成后的保护利用？

　　根据国务院办公厅《关于切实加强高标准农田建设 提升国家粮食安全保障能力的意见》（国办发〔2019〕50号），对建成的高标准农田，要划为永久基本农田，实行特殊保护，防止"非农化"，任何单位和个人不得损毁、擅自占用或改变用途。严格耕地占用审批，经依法批准占用高标准农田的，要及时补充，确保高标准农田数量不减少、质量不降低。对水毁等自然损毁的高标准农田，要纳入年度建设任务，及时进行修复或补充。完善粮食主产区利益补偿机制和种粮激励政策，引导高标准农田集中用于重要农产品特别是粮食生产。探索合理耕作制度，实行用地养地相结合，加强后续培肥，防止地力下降。严禁将不达标污水排入农田，严禁将生活垃圾、工业废弃物等倾倒、排放、堆存到农田。

广东省茂名市高标准农田建设项目区（引自《中国农业综合开发》2021年11期：高标准农田建设为田园综合体插上翅膀——"好心湖畔"田园综合体项目区内高标准农田建设纪实）

98.高标准农田耕地质量长期定位监测的作用是什么？

建立高标准农田耕地质量长期定位监测点，跟踪监测耕地质量变化情况，是科学合理利用高标准农田的基础。根据《全国高标准农田建设规划（2021—2030年）》，为跟踪监测高标准农田耕地质量变化情况，及时发现耕地生产障碍因素与设施损毁情况，开展有针对性的培肥改良、治理修复、设施维护，可按不低于每3.5万～5万亩设置1个监测点的密度要求，建立高标准农田耕地质量长期定位监测点。监测点对农田生产条件、土壤墒情、土壤主要理化性状、农业投入品、作物产量、农田设施维护等情况开展监测，为有针对性提高高标准农田质量与产能水平提供依据。

河南省开封市兰考县耕地质量监测点（引自《中国农业综合开发》2021年06期：兰考县　坚持模式创新　高质量建设高标准农田）

99.加强东北黑土地保护利用工作有哪些具体举措？

黑土地是我国最珍贵的耕地资源，是耕地中的"大熊猫"，实施好黑土地保护工程，是一项重要任务。要认真落实《国家黑土地保护工程实施方案（2021—2025年）》，针对黑土地"变薄、变瘦、变硬"等问题，按照"各炒一盘菜、共做一桌席"的思路，统筹开展三方面工作。一是土壤侵蚀防治。开展坡耕地治理，防治土壤水蚀；建设农田防护体系，防治土壤风蚀；治理侵蚀沟、修复和保护耕地等。二是农田基础设施建设。完善农田灌排体系，强化骨干与田间工程有效衔接配套；加强田块整治，平整土地，确定合理田块地表坡降、耕作长宽度；开展田间道路建设，提高耕作田块农机通达率。三是肥沃耕作层培育。开展少耕免耕秸秆覆盖还田、秸秆碎混翻压还田等不同方式的保护性耕作；实施有机肥还田、深松（深耕）整地；种养结合、粮豆轮作等。

黑土地（引自《耕地质量提升100题》）

100.黑土地保护利用高标准农田建设示范具体举措有哪些？

根据《全国高标准农田建设规划（2021—2030年）》，为切实保护和恢复好黑土地资源，夯实国家粮食安全的基础，开展黑土地保护利用高标准农田建设示范。通过增施有机肥，秸秆还田，加强坡耕地与风蚀沙化土地综合防护与治理，推广节水技术，开展保护性耕作技术创新与集成示范，推行粮豆轮作，推进农牧结合等措施，加快保护修复黑土地生态环境，提升粮食综合生产能力。

黑龙江省黑河市高标准农田建设项目区大豆种植（引自《中国农业综合开发》2020年08期：黑河市 保黑土 提地力 实现大豆种植高产增效）

101.盐碱地治理高标准农田建设示范具体举措有哪些？

　　为有效改善农田灌排条件、防治耕地盐碱化，通过开展高标准农田建设，提高农田灌排能力，为防治耕地土壤盐碱化提供基础条件。根据《全国高标准农田建设规划（2021—2030年）》，选择土壤含盐量0.1%～0.6%的轻中度盐碱化农田，开展盐碱地治理高标准农田建设示范。针对不同盐碱地类型开展洗盐、排盐工程与灌排设施建设，对于碱化土壤辅助施用钙基物料，然后冲洗进行改良。推广农业节水灌溉、秸秆还田、种植绿肥、施有机肥、粉垄等改土培肥技术。

黑龙江省黑河市高标准农田建设项目区大豆种植（引自《中国农业综合开发》2020年05期：广饶县　源头活水流　盐碱变桑田）

102.酸性土壤治理高标准农田建设示范具体举措有哪些？

土壤酸化是我国南方地区常见的一种土壤退化类型，其危害表现为土壤板结、肥效降低、病虫害加重等，对农业生产影响较大。根据《全国高标准农田建设规划（2021—2030年）》，选取 pH 5.5 以下强酸性土壤农田，开展酸性土壤治理高标准农田建设示范。依据《石灰质改良酸化土壤技术规范》，合理施用农用石灰质物质等土壤调理剂，快速提升土壤pH。实施秸秆粉碎还田或覆盖还田，种植绿肥还田，施用有机肥，配合改良培肥土壤。

江西省稻土区绿肥翻压还田（引自《耕地质量提升100题》）

案例篇

案例一　江西省高标准农田建设十项流程的时间节点和工作要求

　　江西省高标准农田建设从任务下达至竣工验收到移交管护历经十项流程，每项流程都有时间节点和工作要求。如果严格按照每项流程的时间节点和工作要求操作，采取措施提前下达建设任务（11月左右提前下达下一年度建设任务），利用冬季农田休闲时间，督促各市县即时开展项目勘测、设计和招投标等前期工作，确保晚稻收获后即可进行田间施工，就能够实现高标准农田建设主体工程在一个年度内建成并完成上图入库。

　　流程一

　　下达建设任务（上年度12月前）。采取"自下而上"填报和"自上而下"审核的方式，即由各设区市和项目县（市、区）先进行建设需求填报，再由省级审核并综合考虑各市县耕地面积、水田面积、永久基本农田面积和已建成高标准农田面积等因素，确定各市县年度建设任务，经省高标准农田建设领导小组会议审定后，由省农业农村厅以文件形式下达。

　　流程二

　　制定实施方案（当年3月31日前）。各设区市和项目县（市、区）根据省级下达的建设任务，制定年度项目实施方案，落实好建设地点，明确建设内容、资金需求和保障措施。

　　流程三

　　开展勘测设计（当年4月30日前完成勘测和设计单位招投标，5月底前完成项目区实地勘测工作，6月底前完成项目初步设计）。由勘测单位对项目区高标准农田开展实地勘测，出具拟建设区域现状图；由设计单位对项目建设内容、工程概算等进行设计，并充分征求项目区群众意见后，出具初步设计方案。

　　流程四

　　初步设计方案评审（当年7月31日前）。项目设计方案编制完成并经县级主管部门审核无异议后，向设区市农业农村局提请组织设计方案评审。项目设计评审采用专家负责制，专家组成员从省级高标准农田建设专家库中遴选。通过评审的项目初步设计由市级农业农村局进行批复。

流程五

工程造价评审（当年8月15日前）。由项目法人委托县财政局评审中心或其他有资质单位对工程造价合理性进行评审。

流程六

施工和监理单位招投标（当年9月底前）。由县级农业农村部门组织实施。高标准农田建设施工和监理单位招投标，根据国家有关规定，通过公开招投标方式确定。

流程七

田间施工（当年10月底或11月初前即晚稻收获后开始田间施工，翌年4月底前即早稻栽插前完成田间工程建设）。项目实施由县级农业农村部门作为项目法人，经县领导小组同意，可授权相关县级单位或项目所在乡镇担任二级法人，具体承担工程施工监管工作。施工单位开展高标准农田施工，监理单位受法人委托对高标准农田建设工程进行监理。

流程八

验收考评。江西省高标准农田建设项目验收考评采取单项工程验收、县级自验自评、市级全面验收和省级抽查方式。

（1）单项工程验收（翌年5月30日前完成）。单项工程完工后，由项目施工单位向一级法人提出验收申请。一级法人收到单项工程验收申请后，聘请有资质的单位开展竣工勘测，明确项目区高标准农田、新增耕地、旱地改水田的界线和面积，并出具竣工勘测报告；同时委托有资质的中介机构编制竣工结算书，开展耕地质量等别、等级评定，并出具报告。验收组依据施工招标合同约定，逐项验收单项工程的完成数量和质量，出具单项工程验收报告。

（2）县级自验自评（翌年6月30日前完成）。县域范围内所有标段单项工程完成验收后，项目一级法人向县高标准农田建设领导小组提出县级自验自评申请，县高标准农田建设领导小组收到自验自评申请后5个工作日内，组织开展县级自验自评工作，出具自验自评报告。

（3）市级全面验收（翌年7月31日前完成）。县级自验自评完成后，县高标准农田建设领导小组向市高标准农田办公室提出市级全面验收申请，市高标准农田办公室收到全面验收申请后，7个工作日内组织市级全面验收工作，并分县出具全面验收报告。

（4）省级抽查（翌年10月31日前）。项目县高标准农田建设项目通过市级全面验收，完成验收阶段上图入库，并在全国农田建设综合监测监管平台中完成报备后，由市高标准农田建设领导小组向省高标准农田办公室提出省级抽查申请，省级抽查组随机从项目县抽查10%以上面积比例的高标准农田（3%左右地块应与市级抽查的地块重叠），抽查完成后分设区市、分县形成省级抽查报告，并对各市、县（区）高标准农田建设总体情况进行集中评议，将评议结果报省高标准农田领导小组会议审定。

流程九

上图入库（当年7月31日前完成项目计划阶段信息上图入库，翌年5月31日前完成项目实施阶段信息上图入库，翌年9月30日前完成项目验收阶段信息上图入库，项目开工后每月10日前完成上月的实施进度填报）。高标准农田项目要将项目计划、实施和验收三个阶段的信息全部上图入库。上图入库需要提供项目区套合土地利用现状图的范围线（拐点坐标）、设计方案、施工方案、竣工验收材料及其他相关的文本、图表等基础数据。

流程十

管护利用。项目验收合格后，县农业农村部门登记造册，签订协议移交所在乡镇，由乡镇移交土地产权所有者管护。各项目县（市、区）足额安排建后管护财政预算，落实管护主体和管护人员，建立考核奖惩机制。严格用途管控，加强对建成高标准农田的利用监管，坚决杜绝"非农化""非粮化"，高标准农田原则上全部用于种植粮食作物。

案例二　河南省五项综合举措破解农田建设体制障碍

　　建好管好高标准农田项目，面临任务资金渠道不统一、灌溉机井通电难、工程设施易损坏、县级财政配套落实难等多方面体制机制障碍。河南省瞄准高标准农田项目建设管理存在的体制机制障碍，精准施策、逐项破解，实现项目建设与建后管护并重、工程效益长期发挥。

　　统一任务和资金渠道，破解多头管理问题。机构改革后，高标准农田建设管理职能统一由农业农村部门实施，但是建设任务和资金仍然由中央预算内投资和中央财政专项两个渠道下达地方，且投资标准不一致。为提高项目管理效率，河南省强化部门统筹，将两个渠道下达的建设任务由省农业农村部门一个任务清单下达市县；省级配套资金由省财政农业专项拉平补齐，一个渠道下达市县；项目设计审批、日常监管、竣工验收和上图入库等工作统一由农业农村部门管理实施，实现"一个任务清单、一个资金渠道、一套管理体系"，构建了集中统一管理的农田建设机制。

　　理顺配电设施建管体制，破解农田机井送电难、管护难问题。多年来，由于项目建设和验收标准与电力部门不一致，项目区农田机井建成后往往要滞后8个月左右才能通电。推动出台《河南省理顺农田灌溉用电设施建管体制实施方案》，明确新建项目区高压设施由电力部门负责建设和运维，已建成项目区的存量高压设施由电力部门逐年接收整改，从根本上破解了项目区灌溉设施供电难和配电设施易损坏、管护难等历史性问题。2020年新建660万亩高标准农田项目区，已基本实现灌溉机井建设与电力配套同设计、同建设、同验收。

　　组织开展普查整改，破解已建项目区工程设施损毁问题。高标准农田项目设计使用年限一般为10年，受恶劣天气、田间作业和管护缺位等多方面因素影响，工程设施使用5年左右，灌溉、配电等工程设施就陆续开始出现损坏。

　　2020年，由农业农村部门牵头，会同财政、发展改革、水利、自然资源、电力等八个部门，组织对全省"十二五"以来已建成项目的灌溉、配电等9项重点设施进行全面普查，分类、分年度进行整改提升。南阳市宛城区以此次普查整改为契机，对2010年由国土部门实施的土地整治项目区内的341眼机井全部完成配电设施更新，该区已建成高标准农田项目区的其他问题设施也全部纳入整改计划。

开展示范创建，破解建设标准偏低的问题。由于中央财政和地方财政投资有限，现行高标准农田建设的投资相对不足。按亩均 1 500 元的投入标准建设，一般仅能解决基本的灌排问题，还不能完全满足高标准农田的建设需求。河南进一步提高标准，按照亩均超过 3 000 元的投资标准和"建设标准化、装备现代化、应用智能化、经营规模化、管护规范化"的"五化"要求，开展高效节水灌溉示范。省财政专项安排 12 亿元一般国债资金，市县积极自筹资金，在 14 个省辖市、39 个项目县，开展高效节水灌溉示范创建 54 万亩。

强化督导考核，破解县级财政配套资金落实不到位的问题。河南省高标准农田项目地方财政配套标准按省、市、县三级 6：2：2 的分担比例执行。鉴于县级财政"三保"压力较重，部分市县存在不能足额落实配套资金的情况。为此，河南省在落实粮食安全考核等考核的基础上，进一步将高标准农田建设纳入乡村振兴实绩考核，分值占比 5%，作为 11 项关键事项纳入市（县）委书记考核体系，通过考核指挥棒，上升为地方党委重点关注的"一把手"工程，为落实财政配套资金、统筹项目实施创造了良好条件。

案例三　南通市区域化整体推进　打造高标准农田建设标杆

作为江苏省"整市推进高标准农田试点市""高标准农田建设区域化整体推进示范区"，南通市深入学习贯彻习近平总书记关于"三农"工作重要论述，认真落实农业农村部工作部署要求，在省农业农村厅的指导下，把高标准农田建设作为践行"不忘初心、牢记使命"的德政工程、全面推进乡村振兴的龙头工程，以工补农、以城带乡的示范工程，聚焦重点，务求实效，努力争创全省示范标杆。"十三五"以来，累计投入67亿元，共建成高标准农田234万亩，提高粮食产量约100公斤/亩，全部成为"吨粮田"。

一、组织领导务求"管用"

市委、市政府成立高标准农田建设领导小组，市委、市政府主要领导为组长，分管领导为副组长，发展改革、财政、自然资源和规划、水利、农业农村等部门负责人为成员，齐抓共管高标准农田建设整域推进工作。各县（市、区）也成立相应领导机构，加强组织推进。每年的市委全会报告、政府工作报告都对高标准农田建设作出具体安排，市委、市政府主要领导、分管领导专题研究部署高标准农田建设工作20多次，每年至少召开1次现场推进会，并将高标准农田纳入纪委监委巡察范围。全市建立市、县、乡、村监督考核机制，压实市、县、乡、村四级管理责任，以务实管用的组织领导机制保障项目建设质量和进度。

二、科学规划突出"全域"

在编制市、县级高标准农田建设规划时，全面统筹国土空间规划、城乡建设规划、乡村振兴规划，处理好高标准农田建设与城乡建设、永久基本农田保护、粮食生产功能区和重要农产品生产保护区的关系。以村为单元、镇为片区，成片规划建设高标准农田，努力做到农业行政村全覆盖，不落下一片地、不空下一户田，让更多的农户共享高标准建设成果。"十三五"以来，全市建设的高标准农田涉及500多个村，基本实现村域全覆盖、粮食生产功能区和重要农产品生产保护区全覆盖，惠及农民近100万人。

三、模式创新抓住"次序"

南通市在实践中摸索出"先流转后建设、先平整后配套"的建设模式，得到了省委、省政府领导的充分肯定，省政府专门印发文件推广南通高标准农田建设这一模式。先流转后建设，就是在建设前，先由村集体与农户签订土地承包经营权（预）流转协议，再按照农业现代化和适度规模经营的要求，统一规划建设。先平整后配套，就是在建设过程中，先实施土地平整，后配套基础设施，实现"地平整、田成方、林成网、沟相通、路相连、渠通畅"，推动高标准农田建设与高效利用无缝对接。近年来，南通市高标准农田土地流转率基本能达到70%以上。

四、资金投入重在"开源"

根据实际建设需要，南通市积极拓宽资金筹措渠道，将高标准农田建设投资标准由1 750元/亩提到2 500元/亩，再提高到3 500元/亩。市、县财政按照地方政府统一部署要求，积极调整财政支出结构，增加高标准农田地方财政支持力度。鼓励县级政府申报发行债券，融资投入高标准农田建设，县级累计融资7亿元增加地方投入。同时，积极探索高标准农田建设新增耕地收益用于农田建设。市委、市政府要求各县（市、区）高标准农田建设增加不少于1%的耕地占补平衡指标，并调剂给南通市区建设使用，市区支付调剂费。调剂费从10万元/亩提高到25万元/亩，再到28万元/亩。目前，除5万元/亩拨付到村外，其余的主要用于高标准农田建设。"十三五"以来，高标准农田建设调剂给市区耕地占补平衡指标2万多亩，市区支付调剂费50多亿元，30多亿元用于高标准农田建设。

五、规范管理聚焦"质量"

围绕项目建设质量，南通市先后出台高标准农田建设项目和资金管理办法、质量管理办法、建设参与单位信用行为管理办法、督查办法等一系列制度规范，强化项目建设的全过程管理。在设计阶段，做到方案新颖、适应性强，注重应用新材料、新工艺、新技术和新设备；在建设阶段，通过招投标选择资质优、实力强的施工单位参建、监理单位参管、检测单位参检，形成了月通报、季点评、年考核的工作推进机制，并请派驻纪检部门一道开展督查，确保质量和进度；在验收阶段，注重聘请第三方专家参与，发现问题及时解决，把严验收关。

六、综合配套着眼"整体"

为提升项目建设的整体效益，南通市出台高标准农田建设规程，增加村庄环境、服务设施、连片经营、建后管护等4方面配套建设，并将高标准农田纳入农村环境长效管护体系，管护资金由项目结余资金、县级财政和镇村解决。2020年，被省列为省级示范后，又增加了模式创新、耕地质量监测、生态设施、智慧农业、工程美化、效益提升等6方面要求，目前已逐步应用于新建项目。"十三五"以来，高标准农田项目区建成粮食烘干中心62座，仓库6.5万米^2，晒场8万多米^2，发展由村集体组织经营的新型合作农场100多个，面积超过30万亩。项目区土地流转租金每亩年均增加200元左右，农民年人均增收700~800元，村集体每年获得土地流转溢出收益20万元左右。

案例四　安福县"安福方案"加强农田建设质量管理

近年来，江西省安福县始终坚持在高标准农田建设工作上"做示范、勇争先"的目标定位，协调推进了高标准农田建设并取得良好成效，实现了高标准农田建设进度和建设质量全省"双领先"。总体工程进度快，工程质量建设标准高，"田保姆"式建后管护办法被江西省高标准农田办作为示范样板要求全省其他县市参照执行，为全省高标准农田建设贡献了"安福智慧"，提供了"安福方案"。在江西省2017年至2020年高标准农田绩效考评中荣获"四连冠"；建后管护先进经验在人民日报头版头条进行宣传报道。

一、强化保障，多方发力促进度

一是强化组织保障。安福县成立了统筹整合资金推进高标准农田建设领导小组。在高标准农田项目推进过程中，县委、县政府主要领导高度重视高标准农田建设工作，多次专题研究高标准农田建设工作，全面传导压力，压实责任，做到了主要领导和分管领导逢会必讲、下乡必看，研究解决项目推进中的困难和问题，有力地推动了项目建设。二是强化人员保障。从县农业农村局等相关单位抽调了10名技术骨干到县高标准农田办公室集中办公，形成工作合力。三是强化制度保障。制定下发了《安福县统筹整合资金推进高标准农田建设项目管理办法》《安福县统筹整合高标准农田建设资金管理实施细则》《安福县高标准农田建设技术指导方案（试行）》《安福县推进高标准农田建设工作调度督查办法》《安福县高标准农田建设工程质量管理红黄牌检查处罚制度》等一系列文件制度，规范工程管理，确保了项目管理有章可循、有规可依。四是强化经费保障。县财政先后共下拨工作经费885万元，其中县高标办工作经费350余万元，各项目实施乡镇、项目村以及各成员单位工作经费400余万元，其他工作经费135余万元，为全县高标准农田建设工作提供了资金保障。五是强化考评保障。安福县突出了高标准农田工作的考核评价。规定了县对乡镇的农业农村考评，高标准农田分值占20%。县委、县政府在全县高质量发展综合考评中明确了高标准农田建设工作为加分项目。县政府制定了《高标准农田建设绩效考评方案》，进一步强化了对项目实施乡镇的正向激励。根据考评综合得分设置一、二、三等奖各一个，一等奖奖金3万元，二等奖奖金2万元，三等奖奖金1万元。同时，县高标准农田建设领导小组依据乡镇综合排序及日常工作表现等从中择优选取5个行政村，评选5名高标准农田建设先进工作者予以嘉奖。

在县委、县政府的高度重视下，安福县高标准农田建设各项前期工作按照"早启动，快完成"的预定思路高效率推进。设计招标，勘测设计，设计方案评审，设计方案批复，施工和监理招标等各项前期工作，均做到了在全省率先完成，其中勘测设计做到"三进三出"设计和群众互动，得到群众认可，为工程按时完工打下良好基础。同时，安福县积极打好提前量，千方百计加快建设进度，将一晚种植区安排在10月初开工，二晚种植区在11月初全面开工，实行错峰施工，有效缓解集中开工带来的人力机械压力，有利于企业抢抓有利天气，增加有效施工时间。由于工作抓得紧，安福县战胜了新冠疫情带来的影响，又好又快推进了项目建设，保持了工程建设进度处于全省领先位置。

二、规范监管，严防严控保质量

安福县按照"质量为先，防控结合"的原则，加强工程监管，狠抓工程建设质量，努力建设群众满意工程。一是创新构建了"五位一体"工程监管网络。构建由监理人员、工程管理人员、村级质量监督员、技术指导人员、县高标办督查人员各司其职的工程监管网络，明确监管职责。每一个标段安排了一名村级质量监督员，每个村民小组有1~2名群众参与工程质量监督，发动基层群众参与监督管理工作。每两个施工标段安排一名工程监理人员。项目实施乡镇政府负责对监理人员进行考勤管理，定期检查监理日志，对工程建设进行全程监管，严把质量关、安全关、进度关。二是创新制定了高标准农田建设质量管理"红黄牌"检查处罚制度。施工阶段时，要求施工单位严格按照设计图纸、施工工序、技术标准等规范施工，对不符合质量要求的情形实行红黄牌处罚，倒逼施工单位和监理单位将工程质量放在心上、扛在肩上、抓在手上，确保工程经得起时间和技术的检验。三是突出源头控制，建设精品工程。为保证施工材料质量，安福县要求尽量采用环保强度更高的水泥砖作为渠道衬砌材料，水泥砖、砂卵石等工程材料进场前，监理人员要对材料检测报告进行查验，未达到设计标准要求的一律不得进入施工现场。积极落实生态环保要求，严格按照"少硬化、不填塘、慎砍树、禁挖山"的要求进行规划设计，对大型排水沟渠一般只进行清淤整治，不搞硬化衬砌。在工程细节方面，在每个标段都设计了一些衔接池，起沉沙、配药、洗手等作用，为农民进行农事活动提供便利；将田间道路的十字路口或与村道交叉路口做成喇叭形，以利会车及交通安全。为确保实现新增耕地建设目标，机耕道严格按3.5米宽，生产路按2.5米宽设计建设，基础设施建设占比控制在7.5%以内。

三、明确职责，落细落实抓管护

按照"建管并重"的要求，安福县在全省率先推行建后管护"网格长制"，建立了责任明确、措施有效、管护有力的建后管护新机制，确保高标准农田工程建得好、用得久、长受益。主要概括为"三落实四明确"。

一是落实县乡村组四级网格长管理责任。县农业农村局局长为总网格长。县高标办为高标准农田建后管护的业务主管部门，负责组织建后管护的协调、监督指导和检查考核工作。乡镇长为一级网格长。乡镇政府为建后管护的责任单位，负责监督、检查高标准农田工程设施管理维护的落实。目前，各乡镇建立了以年度为周期，以村民小组为单元，以巡查为手段的工程管护模式。村党支部书记或村主任为二级网格长，村民委员会为建后管护的主体。负责各村民小组之间的排灌沟渠、机耕道、渠系建筑物等设施的维修、养护和管理，按照合同要求督促管护人员做好管护工作。村民小组组长为三级网格长。负责在农忙期间对本组范围内的高标准农田设施进行巡查，引导农户爱护工程设施并积极做好承包田范围的沟渠清淤疏通、道路清杂清障等工作。对农机损坏沟渠的行为进行制止；对自然损毁的工程进行排查并及时向村委会或管护人员报告，督促管护人员做好日常管护工作。二是落实管护人员责任。以村民小组为单元，按照1 000亩左右的高标准农田安排一名管护人员的标准建立管护队伍，签订了管护合同，明确了管护内容和时间，每人每月工资为500元。根据规定，管护人员必须熟悉管护区域内高标准农田工程设施的布局和现状，熟悉管护的具体内容，宣传高标准农田建后管护的法律、法规及相关制度，引导村民珍惜爱护高标准农田工程设施。平时每月对高标准农田工程设施巡查不少于两次，农忙时期每天巡查不少于一次，并及时填写巡查记录表，建立管护台账，记录管护情况。三是落实经费保障责任。县财政按建成的高标准农田每年每亩15元的标准预算管护经费。其中6元为管护人员工资，9元为工程维护费用。工程维护费用由乡镇政府建立专用账户，实行专账核算。县高标办对维修费用清单进行审核后将维修费用直接拨付到乡镇，维修企业或个人凭正式发票和维修清单到乡镇政府报账，由乡镇政府支付资金给维修单位或个人。四是明确农户的管护责任。农户承担责任田范围内的沟渠清淤疏通道路清杂清障等养护管理责任，对农机操作造成的损坏要求其赔偿或修复，对自然灾害造成轻微损坏工程段落自行修复，造成较大损毁的及时向村委会或管护人员报告。五是明确经营主体的管护责任。已明确规模流转土地的经营主体，负责流转土地的建后管护工作。六是明确农机操作手的管护责任。农机部门规定农业机械下田作业时必须自配过桥板或在有下田桥板的地方下田作业，避免损坏农田设施，否则谁损坏谁赔偿，对不按规定作业的停发下年度的作业证和操作证。七是明确奖惩措施。年终对乡镇管护工作进行单项考评，对管护情况良好的进行资金奖励，对管护不达标的乡镇进行通报并予以经济处罚。

图书在版编目（CIP）数据

高标准农田建设政策技术问答/农业农村部农田建设管理司编．—北京：中国农业出版社，2022.9（2023.3重印）

ISBN 978-7-109-29347-2

Ⅰ.①高⋯　Ⅱ.①农⋯　Ⅲ.①农田基本建设–农业政策–中国–问题解答　Ⅳ.①S28-44②F320-44

中国版本图书馆CIP数据核字(2022)第066693号

中国农业出版社出版

地址：北京市朝阳区麦子店街18号楼

邮编：100125

责任编辑：魏兆猛　史佳丽　黄　宇

版式设计：杜　然　　责任校对：吴丽婷　　责任印制：王　宏

印刷：北京通州皇家印刷厂

版次：2022年9月第1版

印次：2023年3月北京第2次印刷

发行：新华书店北京发行所

开本：700mm×1000mm　1/16

印张：8.75

字数：140千字

定价：45.00元